Gabriele Lindemann & Vera Heim
Erfolgsfaktor Menschlichkeit
Wertschätzend führen – wirksam kommunizieren
Ein Praxishandbuch für effektives Beziehungsmanagement und neue Unternehmenskultur

Ausführliche Informationen zu jedem unserer lieferbaren und geplanten Bücher finden Sie im Internet unter www.junfermann.de. Dort können Sie auch unseren Newsletter abonnieren und sicherstellen, dass Sie alles Wissenswerte über das JUNFERMANN-Programm regelmäßig und aktuell erfahren.

Besuchen Sie auch unsere e-Publishing-Plattform www.active-books.de.

Gabriele Lindemann & Vera Heim

Erfolgsfaktor Menschlichkeit

Wertschätzend führen – wirksam kommunizieren

Ein Praxishandbuch für effektives Beziehungsmanagement
und neue Unternehmenskultur

Junfermann Verlag • Paderborn
2011

© Junfermannsche Verlagsbuchhandlung, Paderborn 2010
2. Auflage 2011
Coverfoto: © 12foto.de – Fotolia.com
Textabbildungen: Ina Liesefeld, Berlin
Covergestaltung/Reihenentwurf: Christian Tschepp

Satz: JUNFERMANN Druck & Service, Paderborn

Bibliografische Information der Deutschen Bibliothek

Die Deutsche Bibliothek verzeichnet diese Publikation in der Deutschen Nationalbibliografie; detaillierte bibliografische Daten sind im Internet über http://dnb.ddb.de abrufbar.

ISBN 978-3-87387-751-1

Inhalt

1. Vorwort

Überdurchschnittlich viele Führungskräfte im mittleren Management sind überzeugt davon, dass die Orientierung ihres Führungsverhaltens am einzelnen Mitarbeiter für zukünftige Erfolge von größter Bedeutung ist. Was verstehen Führungskräfte darunter? Sie wollen Coach sein für den Mitarbeiter, ihn motivieren, fördern, ihn bei der Entwicklung seiner Stärken und Fähigkeiten unterstützen; sie wollen als Ansprechpartner zur Verfügung stehen, wollen das Vertrauen der Mitarbeiter gewinnen, wollen von Mitarbeitern akzeptiert werden und so für ein gutes Betriebsklima sorgen. Ja, und dann wird explizit genannt: Das alles lässt sich nur erreichen durch Achtung und Wertschätzung der Mitarbeiter! So antworteten Führungskräfte des mittleren Managements in unserer zum vierten Mal durchgeführten, 2005 unter dem Titel „Wer führt in (die) Zukunft?" veröffentlichten Führungskräftestudie. Auch in der aktuellen fünften Studie, die bereits in Auszügen im Dezemberheft 2009 der Zeitschrift „Personalführung" veröffentlicht wird, bestätigen sich diese Ergebnisse. Der Mitarbeiter steht im Vordergrund des Denkens, wenn Führungskräfte über zukünftiges Führungsverhalten reflektieren. Leider nicht der Kunde, von dem doch das Unternehmen lebt. Andererseits: Wenn dem Mitarbeiter Achtung und Wertschätzung entgegengebracht werden, ist dann nicht auch zu erwarten, dass Mitarbeiter ebenso mit den externen und den internen Kunden umgehen? In Umkehrung des Satzes „Was du nicht willst, was man dir tu, das füg' auch keinem anderen zu" könnte man formulieren: „Was dir wohlgetan, das sei auch den anderen angetan!" Insofern ist zu hoffen, dass die von Achtung und Wertschätzung getragene Hin- und Zuwendung zum Mitarbeiter gewissermaßen kettenreaktionsartig beim Kunden ankommt.

Und wie „funktioniert" erfolgreiche Mitarbeiterorientierung? Ganz einfach so, wie es in diesem Buch beschrieben wird, nämlich durch „Wertschätzende Kommunikation"!

Hamburg, November 2009

Univ.-Prof. Dr. Sonja Bischoff
Universität Hamburg

2. Einleitung

Wertschätzung und Menschlichkeit sind *die* Erfolgsfaktoren für Wirtschaftsunternehmen – gerade heute. Denn der Blick auf die Entwicklung der letzten Jahrzehnte macht deutlich, warum es mehr denn je davon bedarf:

Durch das wirtschaftliche Streben nach Wachstum ist das ökologische Gleichgewicht unserer Erde ins Wanken geraten: Regenwälder werden gerodet, die Umweltverschmutzung schreitet unerbittlich voran, Energieressourcen werden knapp, während die Weltbevölkerung jährlich um 80 Millionen Menschen wächst. Fast eine Milliarde Menschen leiden heute weltweit an Hunger[i]. Doch nun dürfte das Wirtschaftssystem alter Prägung mit seinem starren Fokus auf Kennzahlen wie Return on Invest, Cashflow, Shareholder-Value und mit der fast schon verzweifelten Suche nach weiteren Rationalisierungspotenzialen endgültig ausgedient haben. Selbst die staatlichen Finanzspritzen werden die wirtschaftlichen Umwälzungen nicht dauerhaft aufhalten können.

Heute braucht es also ein Bewusstsein für gemeinsame soziale Verantwortung, die auch von Wirtschaftsunternehmen mitgetragen wird. Der Blick muss daher wieder auf den wesentlichsten Wirtschafts- und Erfolgsfaktor der Unternehmen gerichtet werden: den Menschen. Das haben heute schon viele Unternehmen erkannt und suchen realisierbare Alternativen für einen besseren Umgang mit ihren Mitarbeitenden. Gerade auf der zwischenmenschlichen Ebene liegt noch ein großes Potenzial, das für die Lösung aller wirtschaftlichen Anliegen nutzbar gemacht werden kann. Kernelemente sind dabei der respektvolle Umgang miteinander, der geprägt ist von Wertschätzung, Kooperation und Menschlichkeit. Das sind die wahren Erfolgsfaktoren für Wirtschaftsunternehmen in der heutigen Zeit.

Wenn wir ehrlich mit uns selbst sind, dann wünschen wir uns zwischen Monatszielen und Karrierestreben oft, gelassener und mit mehr Leichtigkeit miteinander umzugehen. In unseren alltäglichen Auseinandersetzungen setzen wir gerade unsere Sprache oft als Machtinstrument ein, um auf Kosten von anderen das zu bekommen, was wir wollen. Dadurch wird unsere Verständigung mitunter beträchtlich gestört.

Ein neuer Kommunikationsansatz, die „Wertschätzende Kommunikation" (WSK) baut auf Kooperation und Vertrauen auf. Er ist für alle engagierten Führungskräfte und Mitarbeitenden geeignet, die statt einer direktiven Führung von Menschen mehr auf die Eigenverantwortlichkeit jedes Einzelnen bauen wollen. Die klare und handlungsorientierte Sprache der WSK setzt auf der Beziehungsebene an und bezieht die Anliegen aller Beteiligten mit ein. Das dient letztlich der Effektivität im Arbeitsalltag, weil durch die verbesserte Beziehungsebene die Kommunikation wieder auf die Sachebene geführt werden kann. Dieser neue Kommunikationsansatz basiert auf der bewährten Methode der „Gewaltfreien Kommunikation" nach Marshall B. Rosenberg und macht sie speziell für Wirtschaftsunternehmen anwendbar.

Ziel der Wertschätzenden Kommunikation ist es, eine neue Haltung den Menschen im Unternehmen gegenüber einzunehmen. Eine Haltung, die auf Gleichwertigkeit basiert und damit die Menschen im Unternehmen wieder in das Zentrum rückt. Denn Fortschritte im heutigen Arbeitsumfeld lassen sich nicht mehr dort erzielen, wo sie bis jetzt stattfanden. Die Geschäftsprozesse sind optimiert und auf Effizienz getrimmt. Arbeitsabläufe sind schlank, die IT-Infrastruktur ist vernetzt und aufeinander abgestimmt. Die nächste Innovationswelle wird auf einer anderen Ebene stattfinden und bestimmt sein durch eine Art und Weise, *wie* wir gemeinsam Herausforderungen anpacken und Probleme lösen. Wenn es uns gelingt, Menschen dafür zu begeistern, aus freien Stücken am gleichen Strang zu ziehen, weil sie einen Sinn sehen, in dem was sie tun, dann legt dies ein unerschöpfliches Potenzial frei. Es wird darum gehen, wie wir Menschen auch im Berufsleben wieder in einem Geist der Gemeinsamkeit Projekte verwirklichen können und dabei Freude empfinden. WSK kann hier mithelfen, den nächsten Quantensprung zu ermöglichen und das Potenzial, das in Kooperation und einem konstruktiven Miteinander liegt, freizusetzen.

Wenn wir von Menschlichkeit sprechen, dann meinen wir einen respektvollen Umgang, bei dem die Bedürfnisse aller gleichermaßen gehört und ernst genommen werden. Dazu braucht es auch die Fähigkeit, auf einer Ebene zu kooperieren, die von der Gleichwertigkeit jedes Menschen ausgeht. Doch häufig wird geglaubt, dass wirtschaftlicher Erfolg nur auf Kosten von Menschlichkeit erreicht werden kann und wir es uns nicht „leisten" können, auch im Wirtschaftsleben wohlwollend miteinander umzugehen.

Aus unserer langjährigen Berufserfahrung im Banken- und Telekommunikationssektor wissen wir, was Menschen zum Kooperieren motiviert. Gleichzeitig haben wir oft hautnah erfahren, wie Machtkämpfe, ungeklärte Konflikte und eine kompromisslose Erwartungshaltung zu Frustration und Resignation führen und wie schnell eine Situation ausweglos erscheint. In unserer Position als Führungskräfte haben wir erlebt, dass wir meist größeren Einfluss nehmen können als zunächst angenommen. Hürden sind oft einfacher zu überwinden, wenn man die Blickrichtung ändert und die Menschen mit ihren Ressourcen und Potenzialen auf der Ebene von Gleichwertigkeit in die Mitverantwortung nimmt. Dies führt zu zufriedenen Mitarbeitenden und steigert gleichzeitig den Unternehmenserfolg.

Seit rund 15 Jahren begleiten wir als Beraterinnen zahlreiche Menschen, Teams und Organisationen auf ihrem Weg. Viele beschäftigen die Fragen, wie sie mehr Klarheit in der Führung gewinnen, die Kooperationsbereitschaft in ihrem Unternehmen erhöhen, klar kommunizieren und Konflikte leichter lösen können.

Auseinandersetzungen gehören zum Alltag, doch wie können Arbeitsbereiche lebendig bleiben und funktionieren, wenn es anhaltend untereinander klemmt und knirscht? Entscheidend scheint uns dabei, wie Menschen mit Unstimmigkeiten und Problemen umgehen – ob sie sich resigniert ihrem Schicksal ergeben oder ihre eigenen Handlungsräume und Entwicklungsmöglichkeiten erkennen und erweitern. Dafür braucht es die Fähigkeit sich selbst und andere zu führen.

In dieser Arbeit ist die Wertschätzende Kommunikation seit einem Jahrzehnt unser Schwerpunkt, weil wir sie als das wirksamste Modell erleben, wie Menschen ihre Handlungsspielräume entwickeln können. Aus unseren zahlreichen Erfahrungen mit diesem Ansatz in der Beratung, im Training und als Ausbilderinnen haben wir unter dem Begriff „Wertschätzende Kommunikation" (WSK) neue Variationen entwickelt und die Gewaltfreie Kommunikation für die Geschäftswelt noch besser anwendbar gemacht. Durch das Lernen bei Marshall Rosenberg und auch die Zusammenarbeit mit ihm im Trainerteam von Metapuls Zürich haben wir erkannt, was Empathie bewegen kann und welche Ressourcen diese bei Menschen freisetzt. Dafür danken wir Marshall Rosenberg. Weitere bedeutende Quellen der Inspiration, die in dieses Buch einfließen, sind Riane Eisler, Friedrich Glasl, Joachim Bauer und Gerard Endenburg.

Die Wirksamkeit der WSK bestätigt uns in dem, was wir tun. Wir möchten Sie daher einladen, vertraute Verhaltensweisen und Überzeugungen beiseite zu stellen und sich auf neue Wege zu begeben. Probieren Sie mit Offenheit und Neugier selbst aus, was davon für Ihr Leben nützlich und hilfreich ist. Wir sind sicher, dass Sie damit wertvolle Erfahrungen gewinnen werden.

Es kann sein, dass Ihnen die Wertschätzende Kommunikation zu Beginn ungewohnt erscheint. Aber genau so, wie eine neue Sprache zu Beginn fremd anmuten mag, werden Sie mit der Zeit damit vertraut werden und sie allmählich ganz selbstverständlich anwenden können.

Dieses Buch bringt Ihnen folgenden Nutzen:
··> Sie setzen sich aktiv mit Ihrem eigenen Führungsverständnis auseinander und werden sich bewusst, wie die WSK Ihr Führungsverhalten günstig beeinflussen kann.

···⟩ Sie machen sich Schritt für Schritt mit den Elementen der WSK vertraut und erweitern dadurch Ihr Sprachrepertoire und Ihre persönlichen Handlungsspiel-räume.

···⟩ Sie lernen, für Ihre eigenen Bedürfnisse einzustehen und dabei gleichzeitig die Anliegen Ihrer Gesprächspartner(innen) zu hören und ernst zu nehmen. Damit fördern Sie zwischenmenschliche Beziehungen und schaffen Raum für Win-Win-Lösungen.

···⟩ Sie schärfen Ihren Blick, um in herausfordernden Situationen leichter die Ursachen von Problemen zu finden, statt Schuldige zu suchen. Sie können Verantwortung fördern, um tragfähigere Konfliktlösungen zu erreichen.

Ob Sie nun als Projektleiterin, Kundenberater, Produktmanagerin, Verkäufer, im Telefon-Support arbeiten oder als Führungskraft in der Linie Menschen führen, mit der WSK tragen Sie zu einer Unternehmenskultur bei, die die Potenziale aller Beteiligten besser miteinander verbindet und nutzbar macht.

Das Buch im Überblick:

···⟩ Kapitel 3 und 4: Zusammenhänge, Inspirations-Quellen, Wissenswertes
Sie erfahren nützliche Hintergründe und was uns zu diesem Buch bewegt hat.

···⟩ Kapitel 5: Leitgedanken Wertschätzender Kommunikation
Sie reflektieren Ihre eigene innere Einstellung.

···⟩ Kapitel 6: Das Sprachmodell
Sie lernen die theoretischen Grundlagen kennen.

···⟩ Kapitel 7: Praktische Gesprächsvorbereitung mit Leitfaden
Sie experimentieren mit eigenen Alltagsbeispielen.

···⟩ Kapitel 8 und 9: Umgang mit Überraschungen
Sie trainieren Ihre Flexibilität im Gespräch.

···⟩ Kapitel 10: Praktische Umsetzung im Berufsalltag
Sie bauen Ihre Gesprächskompetenz aus.

···⟩ Kapitel 11 und 12: Nachhaltig führen und erfolgreich Beziehungen managen
Sie ergänzen und entwickeln Ihren persönlichen Führungsstil und stärken Ihre Leistungsfähigkeit.

···⟩ Kapitel 13 und 14: Erfahrungsberichte und Ausblick
Sie erfahren, wie WSK im Alltag wirkt und welche Organisationsformen den Prozess unterstützen.

MANAGEMENT SUMMARY

Zum effizienten Zugriff auf die Kernaussagen haben wir die Essenz der einzelnen Themen hervorgehoben und mit diesem Symbol gekennzeichnet.

Gleichwertigkeit ist uns wichtig. Um trotzdem die Lesbarkeit zu erleichtern, wechseln wir zwischen der weiblichen und männlichen Form.

„Unsere wirtschaftlichen Erfolge verdanken wir den Menschen, der Gesellschaft, in der unsere Unternehmen arbeiten."
Daniel Goeudevert

3. Menschlich führen – Luxus oder Notwendigkeit?

„Menschlich führen" bedeutet, mit dem Kollegen, dem Mitarbeiter, dem Vorgesetzen oder dem Geschäftspartner neben der sachlichen auch eine persönliche Basis zu finden. Dazu gehört ehrliches Interesse füreinander und die Fähigkeit, mit Wohlwollen auf den anderen und seine Leistungen zu blicken. Wenn wir den Menschen als Ganzes wahrnehmen, tun wir uns leichter, bemerkenswerte Ressourcen und Fähigkeiten zu entdecken, die Menschen kaum entfalten können, wenn sie nur als „Kostenfaktor" oder „Leistungserbringer" in Unternehmen gesehen werden. „Menschlich führen" heißt deshalb auch, die Menschen im Unternehmen ernst zu nehmen und ihnen zuzuhören. Empathie – Einfühlungsvermögen – für das Gegenüber setzt bisher ungenutzte Kräfte frei, die wir zur Lösung der anstehenden Herausforderungen brauchen.

Dass wir dieses Potenzial noch viel zu wenig nutzen, zeigt der jüngste Gallup-Engagement-Index aus dem Jahr 2008, der Aussagen von etwa 2000 ausgewählten Arbeitnehmern auswertete. Diese Untersuchung zeigt alarmierende Fakten auf: 67 Prozent der Arbeitnehmer in Deutschland fühlen sich kaum noch an ihr Unternehmen gebunden und machen Dienst nach Vorschrift. 20 Prozent haben innerlich bereits gekündigt. Lediglich 13 Prozent der Beschäftigten verspüren eine echte Verpflichtung ihrem Unternehmen gegenüber und arbeiten hoch engagiert. Die Beschäftigten bemängeln in der Umfrage vor allem, dass sie zu wenig Anerkennung am Arbeitsplatz erhalten oder ihre Meinung im Unternehmen nicht gehört wird. Andere sehen sich auf dem falschen Platz. Der Aussage „Mein Chef legt den Schwerpunkt auf meine Stärken und positiven Eigenschaften" stimmten lediglich 35 Prozent der Befragten zu.

Angesichts der aktuellen Wirtschaftskrise mögen inzwischen viele Arbeitnehmer froh um ihren Arbeitsplatz sein. Dennoch bleibt offen, wie zufrieden und leistungsfähig sie unter diesem Druck und mit dieser Einstellung dauerhaft sind. Laut Medienberichten über Medikamentenmissbrauch am Arbeitsplatz, bestätigt jeder 20. Arbeitnehmer, als Gesunder schon einmal mit aufputschenden, konzentrationssteigernden oder beruhigenden Arzneien nachgeholfen zu haben, um im Job mithalten zu können. Dies sind immerhin gut zwei Millionen Beschäftigte in Deutschland. Die Hälfte davon – bis zu

800.000 Menschen – nehmen regelmäßig und sehr gezielt diese Medikamente als Doping ein.[ii]

Die Folgen sind wirtschaftlich bedeutsam. Die Quote der Fehltage liegt bei Beschäftigten mit geringer emotionaler Bindung an ihren Arbeitgeber bis zu vier Tage höher als bei loyalen Mitarbeitenden. Einem Unternehmen mit 1.000 Mitarbeitenden können so leicht jährliche Mehrkosten von einer halben Million Euro entstehen.

3.1 Führen heißt Handeln auf verschiedenen Ebenen

Die heutigen Anforderungen an Führungskräfte sind weit gespannt. Zum einen braucht es fachliches und methodisches Können. Zum anderen aber auch die Fähigkeit, ethische und soziale Aspekte im eigenen Tun und Handeln zu reflektieren und zu berücksichtigen. Daraus entsteht ein Fundament, eine innere Haltung, die sich auf das, was wir tun, auswirkt. Sie spiegelt sich auch in unserer Kommunikation wider und hat damit einen großen Einfluss darauf, wie wir Menschen in der Umsetzung unserer fachlichen und methodischen Fähigkeiten begegnen. Die folgende, vereinfachte Grafik zeigt die Vielfalt der Aufgaben, die jeder Mitarbeiter und Führungskräfte im Besonderen erfüllen müssen. Um dies erfolgreich zu tun, braucht es die Kooperation der Mitarbeitenden, Vorgesetzten, Kollegen und Kundinnen. Wir arbeiten in vernetzten Systemen und sind bis zu einem gewissen Grad voneinander abhängig. Wie aber können wir in diesen Systemen Kooperation bewirken? Die innere Haltung, die sich über unser Kommunikationsverhalten ausdrückt, spielt bei der Erfüllung unserer Aufgaben und beim Gewinnen von Mitwirkenden deshalb eine entscheidende Rolle.

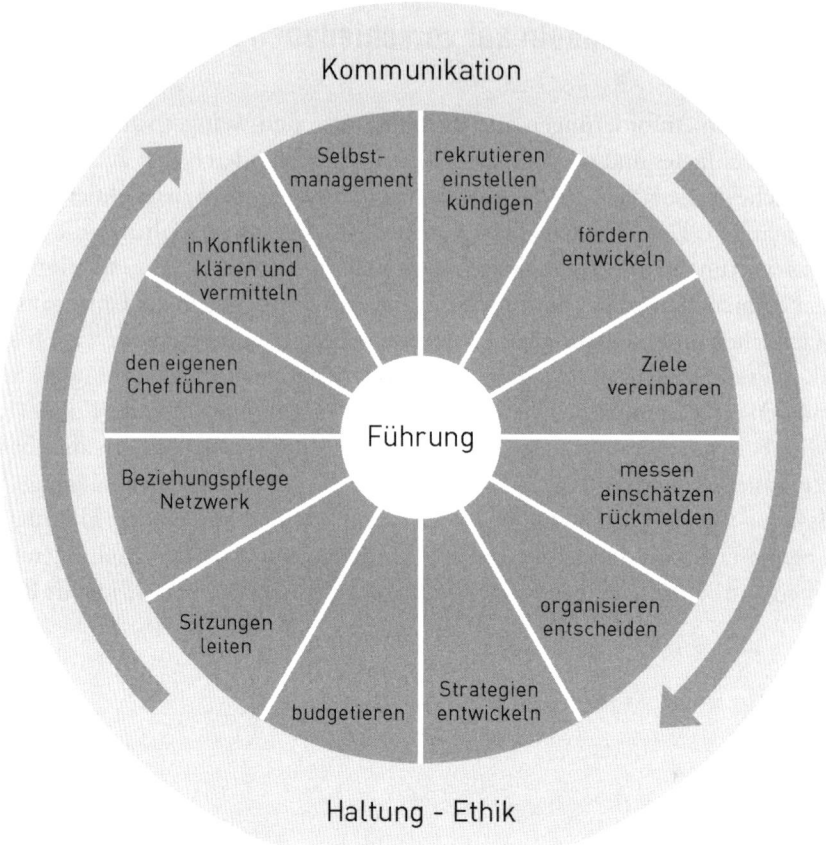

Die Wertschätzende Kommunikation verbindet eine wertschätzende Haltung mit einer klaren Sprache. Je mehr wir uns unserer Sprache bewusst werden, desto besser können wir damit Einfluss nehmen und eine Kultur der Kooperation fördern.

> „Es reicht nicht, wenn unsere Manager großartige Wirtschaftsfachleute
> oder auch Techniker sind, wenn sie den Menschen, also ihren Kunden,
> längst aus dem Auge verloren haben."
> *Daniel Goeudevert*

3.2 Klare Verständigung spart Zeit und Geld

Störungen und Konflikte gehören zum alltäglichen Miteinander. Produktiv genutzt, bewirken sie eine Horizonterweiterung und steigern die Qualität des Schaffens. Was jedoch Schaden anrichtet, sind nicht oder sehr spät angesprochene Konflikte. Die erste, 2009 durchgeführte Konfliktkostenstudie in Industrieunternehmen[iii] aus Deutschland und der Schweiz zeigt, welche enorme finanzielle Belastung sowohl durch Kommunikationsprobleme und Personalwechsel entstehen als auch durch betriebsschädigendes Verhalten der Mitarbeitenden. Darin sind die Kosten für die alltäglichen kleineren und größeren Reibungsverluste noch gar nicht enthalten, da sie schwer zu beziffern sind.

Die Konfliktstudie wurde bei kleineren, mittleren und großen Industrieunternehmen durchgeführt und zeigt auf, dass jeder zweite Betrieb für ungelöste Konflikte und damit verzögerte Projekte, jährlich EUR 50.000 ausgibt. Jeder zehnte sogar über EUR 500.000 pro Jahr.

- In jedem Unternehmen kostet die Konfliktbewältigung 10 bis 15 Prozent der Arbeitszeit.
- Reibungsverlust, Konflikte oder Konfliktfolgen absorbieren 30 bis 50 Prozent der wöchentlichen Arbeitszeit von Führungskräften.
- Fluktuationskosten, Abfindungszahlungen und Gesundheitskosten aufgrund innerbetrieblicher Konflikte belasten Unternehmen jährlich mit mehreren Milliarden Euro.

Wenn es uns gelingt eine Kommunikationskultur in Unternehmen zu etablieren, bei der Konflikte frühzeitig erkannt, offen angesprochen und in gegenseitiger Achtung gelöst werden, besteht ein erhebliches Potenzial, Kosten zu reduzieren und die frei werdenden Ressourcen können in Projekte fließen, die unsere Aufmerksamkeit brauchen.

> **„Anstatt Dinge richtig zu tun, ist es effektiver, die richtigen Dinge zu tun."**
> *Peter Drucker*

Eine Vision

Stellen Sie sich vor, wie es wäre, in einer Gesellschaft zu leben, die geprägt ist von Gleichwertigkeit und Achtsamkeit. Jeder Mensch hat genügend zu essen und ein ausreichendes Einkommen, um neben dem Lebensunterhalt auch noch Weiterbildung und Freizeit finanzieren zu können. Sie gehen gerne zur Arbeit und sehen einen Sinn in dem, was sie tun. Die Unternehmen bauen auf das Wissen aller Mitarbeitenden und beziehen diese in die Lösungsfindung mit ein. Führungskräfte unterstützen, befähigen und inspirieren mehr und kontrollieren weniger. Die Kraft der Kooperation bringt neue Technologien hervor, die die Menschen dabei unterstützt, die vorhandenen Ressourcen optimal und umweltschonend zu nutzen. Der Erhalt unserer Umwelt spielt dabei eine entscheidende Rolle. Männer wie Frauen kümmern sich gleichermaßen um die Entwicklung der Kinder – die Zukunft der Gesellschaft. Und Arbeitgeber unterstützen dies mit einer flexiblen Arbeitszeitgestaltung.

Utopie oder Vision? Immer mehr Menschen fragen sich, was getan werden kann, um diesen Wandel zu einer fürsorglichen Ökonomie zu vollziehen. Es werden Organisationsmodelle entwickelt, die diese Form der partnerschaftlichen Zusammenarbeit unterstützen (siehe auch Kapitel 14) und immer mehr Unternehmen erkennen, dass es sich auszahlt, für ihre Mitarbeitenden zu sorgen. Eine neue Sichtweise der Dinge, die auch die globale Dimension mit einbezieht, kann diese Vision mit Leben füllen.

3.3 Zurück in die Steinzeit mit Blick auf die Zukunft

Besonders angesichts der anstehenden globalen Herausforderungen braucht es einen Paradigmenwechsel. Wie Albert Einstein sagte, kann ein Problem nicht auf derselben Bewusstseinsebene gelöst werden, auf der es entstanden ist. Die letzten siebentausend[iv] Jahre waren durch eine Gesellschaftsform geprägt, die von Dominanz gekennzeichnet ist. Merkmale dafür sind hierarchisches Denken und Ausüben von Macht und Gewalt zur Erfüllung der eigenen Bedürfnisse. Die Folge davon waren Kriege, Unterdrückung und Ausbeutung. Ein Blick in die Medien macht klar, dass diese Gesellschaftsform bis heute existiert. Es wird uns Menschen nicht möglich sein, die Herausforderungen unserer Zeit mit den alten Denkmustern zu lösen. Dafür braucht es Orientierung an Neuem oder an bereits Bewährtem, aber weniger Bekanntem:

Viele Menschen glauben auch heute noch, dass Krieg und Kampf die Quelle unseres technologischen Fortschritts ist[v]. Und so wurden geschichtliche Ereignisse über Jahrtausende durch diese Brille interpretiert. Riane Eisler, eine amerikanische Rechtsanwältin, Kulturanthropologin und Schriftstellerin, hat die Zeichen der Geschichte neu erforscht und widerlegt diese These. In Ihrem Werk „Kelch und Schwert" zeigt sie auf, dass praktisch alle materiellen und sozialen Technologien, auf denen unsere Zivilisation heute aufbaut, bereits im Neolithikum (Jungsteinzeit), vor zirka zehntausend Jahren, entwickelt wurden[vi]. Nach Jahrtausenden der Jäger- und Sammlerkultur entstand vor allem in Mitteleuropa eine landwirtschaftliche Revolution. Die Menschen dieser Zeit erzielten mit der Weiterentwicklung von Ackerbau, Jagd, Fischerei und Haustierzucht große Fortschritte. Mit ihren Innovationen in der Baukunst, bei der Herstellung von Teppichen, Möbeln, Stoffen und Kleidern, Kunst und Stadtplanung legten sie damals einen Grundstein, von dem wir heute noch profitieren. Diese Zeit zeichnete sich unter anderem auch dadurch aus, dass gesellschaftliche Macht bedeutete, Verantwortung zum Wohle aller zu tragen. Überleben und Fürsorge standen im Fokus des Tuns. Frauen wie Männer wurden gleichwertig behandelt und sorgten in einer kooperativen sozialen Organisation für das Allgemeinwohl.

3.4 Einfluss nehmen, statt Macht ausüben

Der Erfolg dieser Zeit ist u.a. auf die partnerschaftliche Einstellung der Menschen zurückzuführen. Sie nutzten die Macht, um gemeinsam etwas zu erreichen. Es ging dabei auch um die Förderung des Individuums, ohne die Entwicklung anderer dabei einzuschränken. Der partnerschaftliche Gedanke unterstützte die Menschen darin, die Gruppe und die einzelnen Individuen in ihren Bedürfnissen ernst zu nehmen. Daraus entstand eine Kultur der Fülle.

In unserer Zeit wird Macht mehrheitlich im Sinne eines Gewinn-/Verlust-Verständnisses genutzt. Man setzt seine Macht ein, indem man seine eigenen Anliegen über die der anderen stellt. Dadurch fehlt dem Gegenüber die Chance, aus freien Stücken zu kooperieren (siehe Abschnitt 6.4.1). Die Annahme, dass Menschen nicht freiwillig und aus Freude zum Wohl anderer beitragen könnten, kurbelt eine Spirale verbaler und physischer Gewalt an und bildet den Nährboden für eine Dominanzkultur, in der die Menschen befürchten, nicht das zu bekommen, was sie brauchen. Dies führt zu einer Kultur des Mangels. Hier braucht es ein kooperatives Weltbild, dass wir im Grunde alle voneinander abhängen und darum hochgradig vernetzt wirken sollten, im Denken, im Kommunizieren und im Handeln.

Wir alle wollen zu einem gewissen Grad Macht ausüben. Wir möchten Einfluss nehmen, unsere Träume erfüllen, Ziele erreichen – unsere Welt aktiv gestalten – und uns weiterentwickeln. Wenn es uns gelingt, Macht dahingehend zu nutzen, dass wir gemeinsam an einem Strang ziehen, dann liegt darin ein unerschöpfliches Potenzial. Dies trägt zum Wohl unserer Gemeinschaft bei.

3.5 Der Mensch: Einzelkämpfer oder kooperatives Beziehungswesen?

Immer wieder hören wir die Argumentation, dass der Mensch den natürlichen Trieb in sich trägt, zu kämpfen, sich gegen andere durchzusetzen. Dieses Denken ist stark beeinflusst durch eine von Charles Darwins Evolutionstheorien[vii]. Diese wurde oftmals so interpretiert, dass Lebewesen aufgrund des Selektionsdrucks der Natur fortlaufend *gegeneinander* ums Überleben kämpfen müssen. Seine späteren Theorien wurden von David Loye, Sozialpsychologe und Evolutionstheoretiker, in einem neuen Licht betrachtet. Er entdeckte, dass die Aussage „Survival of the fittest" (Überleben des Geeignetsten) gerade zwei Mal in Darwins Werk „Abstammung des Menschen" vorkam. Der Begriff „Liebe" jedoch fünfundneunzig Mal. In seiner weiteren Forschungsarbeit fand er heraus, dass auch Darwin Kooperation für die menschliche Fortentwicklung weitaus bedeutsamer betrachtete als das Zusammenspiel von Wettbewerb und Eigennutz[viii].

In seinem Buch „Prinzip Menschlichkeit"[ix], zeigt auch Joachim Bauer, Neurobiologe und Psychotherapeut, dass wir nicht primär auf Egoismus und Konkurrenz eingestellt sind, sondern auf das Gelingen von menschlichen Beziehungen. In unserem Gehirn befindet sich ein sogenanntes „Motivationssystem", das bei erfolgreichem Beziehungsaufbau verschiedene Glücksbotenstoffe ausschüttet. Diese Botenstoffe bescheren uns nicht nur Zufriedenheit, sondern auch körperliche und mentale Gesundheit. Sind Beziehungen belastet, so fällt die Ausschüttung dieser Glücksbotenstoffe aus. Dies hat zur Folge, dass ihre beruhigende Wirkung ausbleibt, und es in den emotionalen Angstzentren des Gehirns stattdessen zur Ausschüttung von Alarmbotenstoffen kommt. Diese Stressreaktion ruft Angst, Panik, Trauer und Aggression hervor. Mit anderen Worten: Der Mensch ist aus biologischer Sicht ein Beziehungswesen, das nach Kooperation, Zugehörigkeit, Wertschätzung und Anerkennung strebt. Bleiben diese grundlegenden Bedürfnisse längerfristig unerfüllt, leiden Psyche und Physis. Das erklärt auch die Ergebnisse des jüngsten Gallup-Engagement-Indexes und der KPMG Konfliktstudie. Mangelnde Wertschätzung und Aufmerksamkeit beeinflussen das biologische Motivationssystem negativ. Der länger andauernde Ausschluss von Mitarbeitenden, wie z.B. durch Mobbing, führt unweigerlich zu gesundheitlichen Schäden und Arbeitsausfällen.

3.6 Wertschöpfung durch Wertschätzung

Anerkennung, Aufmerksamkeit und Vertrauen sind also so etwas wie unser „neurobiologischer Treibstoff", eine Art natürliches Motivationssystem. Denn wir Menschen streben Kooperation und Gemeinschaft an. Die WSK bietet dafür eine wirksame Kommunikationsform, weil sich die Menschen mit ihren Potenzialen entfalten können.

Wie bereits erwähnt, gab es lange vor unserer Zeit hoch entwickelte Kulturen, die auf der Basis von Partnerschaft, Kooperation und Miteinander bestens funktioniert haben. Wichtige Erfindungen wurden hervorgebracht, von denen wir heute, nach zehntausend Jahren, noch profitieren. Aus unserer Sicht wird diese Art und Weise des Zusammenlebens ein entscheidender Faktor sein, um die bevorstehenden Herausforderungen zu meistern.

Wir wissen heute noch nicht, wie tragfähig unser gegenwärtiges sozioökonomisches System ist. Denn viele aktuelle Fragen bewegen sich um den Erhalt der Arbeitsplätze und der Finanzkraft, um die Versorgung im Alter, die Tragfähigkeit der Kranken- und Sozialversicherungssysteme. Worauf wir uns hingegen verlassen können, ist die Fähigkeit der Menschen, fürsorglich zu sein. Aus dieser Perspektive gewinnen soziale Netzwerke, beruflich wie privat, im Bewusstsein vieler Menschen wieder mehr Bedeutung. Es gilt, die Fähigkeiten weiterzuentwickeln, die wir als Menschen alle haben: Empathie und Fürsorge.

Barack Obama, Präsident der Vereinigten Staaten, spricht oft über die Macht der Empathie und dass es mehr davon bedarf: „Das größte Defizit heutzutage ist Empathie. Wir brauchen Menschen, die in den Schuhen anderer stehen und durch ihre Augen sehen können."[x] Empathie hilft auch, den Wandel gemeinsam gut zu meistern. Deshalb brauchen wir diese Fähigkeit nicht nur auf der politischen Ebene, sondern auch in Unternehmen und in den Teams. Es liegt in unserer Entscheidungsmacht und in unserem Interesse, auf den Erfolgsfaktor Menschlichkeit zu bauen und das größte Kapital der Firmen, den Menschen, wieder wahrzunehmen. Dort liegt ein riesiges Potenzial. Denn Wertschätzung trägt ganz wesentlich zur Wertschöpfung bei.

MANAGEMENT SUMMARY

Das rasante Wirtschaftswachstum der letzten Jahrzehnte hat seine Spuren hinterlassen. Kollabierende Finanzsysteme, steigende Arbeitslosigkeit und die Verknappung der weltweiten Ressourcen zeigen auf, dass ein Umdenken nötig ist. Es wird deutlich, dass Menschen voneinander abhängen, um ihre wirtschaftliche sowie physische Existenz und Motivation sicherzustellen. Übertragen auf den Mikrokosmos Führungsalltag sind wir gefordert, ein Umfeld zu schaffen, in dem Menschen ihr Potenzial einbringen können und gemeinsam als „Mitunternehmer" Verantwortung übernehmen. Ein Blick auf die Geschichte zeigt, dass es bereits vor zirka zehntausend Jahren gut funktionierende Gesellschaftssysteme gab, deren Fokus auf Kooperation und Einbezug des Potenzials aller Beteiligten lag. Die Menschen des Neolithikums (Jungsteinzeit) nutzten ihren Einfluss zum Wohle aller. Neurobiologische Erkenntnisse bestätigen, dass menschliche Motivationssysteme nicht auf Konkurrenzdenken beruhen, sondern auf Kooperation und Wertschätzung. Empathie ist wichtiger denn je. Sie ist der Schlüssel zum Erfolg und damit wird Menschlichkeit zum Erfolgsfaktor.

4. Sprache beeinflusst den Führungsalltag

Wo gehobelt wird fallen Späne. Wo Menschen miteinander arbeiten gibt es Konflikte. Konflikte können dann entstehen, wenn wir etwas haben wollen, aber nicht bekommen. Sie möchten zu einer bestimmten Zeit Urlaub nehmen, aber die Chefin sagt nein. Sie brauchen von einem Kollegen dringend Unterlagen, aber er liefert diese nicht fristgerecht ab. Sie haben Pläne, wie Sie ein Projekt umsetzen wollen, aber die Geschäftsleitung sieht das anders. Sicher fallen Ihnen dazu noch viele andere Beispiele aus Ihrem Alltag ein. Konflikte gehören zum Alltag. Und trotzdem fällt es vielen Menschen schwer, konstruktiv mit ihnen umzugehen. Anstatt diese zu klären, werden die Konflikte aggressiv und impulsiv ausgetragen oder tagelang mit sich herumgeschleppt, vielleicht auch tabuisiert. Irgendwann platzt dann der Kragen und man verschafft sich Luft auf eine Art und Weise, die wenig förderlich für die Beziehung ist oder man kündigt innerlich und macht nur noch Dienst nach Vorschrift. Das kostet Zeit, Geld und Energie.

Ein Mitarbeiter einer Firma erzählte uns, dass er mit einer Person derart verkracht sei, dass er nur noch äußerst ungern den Lift benutze. Er befürchte, es könne ihm, wenn sich die Fahrstuhltüre öffne, sein Erzfeind gegenüberstehen. Er hätte nie geglaubt, dass ihm so etwas einmal passieren könne. Es koste ihn viel Zeit und Energie, den Konfliktgegner zu meiden. Und für den Fall, dass er ihm doch begegnen würde, dachte er stundenlang darüber nach, was er ihm in diesem Fall sagen könnte. Wie kann so etwas passieren? Warum fällt es uns so schwer, Konflikte frühzeitig anzusprechen? Weshalb bringt uns das Verhalten des Gegenübers oder ein Nein so auf die Palme?

4.1 Wenn uns Konflikte re(a)gieren

Starke Emotionen zeigen sich dann, wenn unsere Bedürfnisse nicht erfüllt werden und wir befürchten, nicht zu bekommen, was wir wollen. Und wenn unsere Erwartungen, wie etwas sein sollte, nicht erfüllt werden oder wir Angst haben, nicht mehr aus freien Stücken kooperieren zu können. Wird eine Situation von unserem Unterbewusstsein als gefährlich eingeschätzt, schaltet unser Gehirn vom rationalen Denken auf einen Überlebensmodus um. Dieser wird vom Reptilienhirn (Limbisches System) aus gesteuert und kennt vor allem drei Verhaltensmöglichkeiten: Flucht, Angriff oder Lähmung. Der Ursprung dieser Reaktionen liegt einige Millionen Jahre zurück, als unsere Vorfahren im ständigen Kampf ums Überleben auf lebenserhaltende Strategien angewiesen waren. Täglich wurde das Leben bedroht und so mussten sie in Gefahrensituationen blitzschnell reagieren. Damals machte es durchaus Sinn, instinktiv und schnell zu handeln, einen angreifenden Säbelzahntiger zu bekämpfen, sich mit schnellen Füßen in Sicherheit zu bringen oder mit einer Körpererstarrung den Tod vorzutäuschen. Diese Reaktionen haben dazu beigetragen, dass wir Menschen überlebt haben. Sie sind in gewissen Situationen nach wie vor nützlich und hilfreich. In der Zwischenzeit hat sich jedoch unser Umfeld verändert, so dass die wenigsten Situationen für uns wirklich lebensbedrohlich sind.

Der Erzfeind des erwähnten Mitarbeiters ist nicht von einem Tag auf den anderen zu einem gefährlichen Säbelzahntiger mutiert. Feindbilder entstehen durch unerfreuliche Begegnungen, Interpretationen von erlebtem Verhalten, wertende Gedanken und Unterstellen böser Absichten. Je stärker das Feindbild, desto verzerrter wird die Wahrnehmung von dem, was geschieht.

Was diesen Prozess möglicherweise noch verstärkt, sind Projektionen auf das Gegenüber. Manchmal erinnern Sprache, Gestik, Mimik oder auch das Aussehen eines Menschen an frühere Bekanntschaften, die einem einmal das Leben erschwert haben. Diese Erfahrungen werden dann auf aktuelle Situationen übertragen. Projektionen passieren blitzschnell und bleiben meist unbewusst.

Die Vorstellung, dem Erzfeind zu begegnen, löste beim erwähnten Mitarbeiter ein Fluchtverhalten aus – welches ihn daran hinderte, ganz unbekümmert den Lift zu benutzen. Andere Menschen neigen in solchen Fällen dazu, sich tot zu stellen und sich möglichst nicht mehr zu bewegen, bis die Gefahr vorbei ist. Wieder andere ziehen die kämpferische Auseinandersetzung vor. Was all diese Strategien gemeinsam haben ist, dass sie von der Art und Weise, wie Menschen über andere Menschen denken, stark beeinflusst werden. Stellen Sie sich vor, eine Kollegin liefert eine Arbeit nicht zum vereinbarten Termin ab. Was geschieht mit Ihrem persönlichen Empfinden wenn Sie

Folgendes denken: „Das ist doch wieder mal typisch! Ständig verpasst sie ihre Abgabe-termine. Die ist so was von unzuverlässig! Wegen ihr kommt jetzt das ganze Projekt in Verzug!"? Löst dieses Denken bei Ihnen auch Wut oder Ärger aus? Je wertender und verurteilender unsere Gedanken sind, desto größer ist unser Stresspegel und um so eher schaltet sich unser Reptilienhirn ein. Das sind die Momente, in denen uns Kon-flikte und Emotionen regieren und wir auf unser Gegenüber reagieren, ohne zu wis-sen, worum es uns wirklich geht.

4.2 Wie wir andere mit unserer Sprache dominieren

Sind wir erst einmal im wertenden Denken gefangen, greifen wir gerne auf Kommunikationskeulen zurück, in der Hoffnung, doch noch zu bekommen, was wir wollen. Diese verbalen Attacken sind oft vom Impuls begleitet, den anderen zu strafen, ihm Schuld zuzuweisen oder Macht auszuüben. Damit sind wir bereits bei der Gewalt in der Sprache. Wir versuchen uns verbal über den anderen zu stellen, ihn zu dominieren, in eine bestimmte Richtung zu drängen oder zu gewinnen. Deshalb werden diese Strategien auch „Dominanzstrategien" genannt. Wer meint, dass diese Dominanzstrategien mit lautem Gebrüll und Fluchen verbunden sein müssen, täuscht sich. Dominanzstrategien können auch ganz subtil ausgesprochen werden. Hier einige Beispiele dazu:

Ein Kollege sagt zum Projektleiter: „Tut mir leid, ich kann die gewünschten Zahlen nicht bis heute Mittag zusammentragen. Ich schaffe das zeitlich einfach nicht."

	Dominanzstrategie	Mögliche Antworten des Projektleiters
1	befehlen, anordnen, auffordern, erwarten, fordern	„Ich erwarte von Ihnen, dass Sie den Bericht bis mittags abliefern!"
2	drohen, warnen, Entweder-oder-Strategien	„Wenn Sie in einer Stunde den Bericht nicht abliefern, werde ich mir überlegen, wie ich das in der Teamsitzung anspreche ..."
3	moralisieren, predigen	„Zuverlässige Mitarbeitende informieren vorher, wenn sie einen Termin nicht einhalten können!"
4	Ratschläge erteilen, voreilige Lösungen vorgeben	„Ich habe Ihnen immer gesagt, dass Sie Prioritäten setzen sollen."
5	Vorträge halten, belehren, Fakten liefern	„Sie wissen doch, dass wir die Zahlen brauchen, damit wir die Marketingstrategie festlegen können!"
6	Urteile fällen, Vorwürfe machen, wertend kritisieren	„Sie sind so was von unzuverlässig!"
7	loben, schmeicheln	„Sie schaffen doch sonst immer alles! Das kriegen Sie doch noch bis Mittag hin. Oder?"
8	beschimpfen, lächerlich machen	„Jetzt müssen alle auf Sie warten – das ist ja so was von peinlich!"

9	interpretieren, diagnostizieren, analysieren	„Sie sind scheinbar überfordert mit der Aufgabe! – Als Akademiker würde ich da anders an die Sache rangehen!"
10	Ich habe das Gefühl, dass ...	„Ich habe das Gefühl, Sie sind der Aufgabe nicht gewachsen."
11	Schuld zuweisen	„Wegen Ihnen kommt jetzt das ganze Projekt in Verzug!"
12	trösten, Sympathie bekunden, schonen	„Ach Sie Armer – jetzt hängt alles an Ihnen. Wie erdrückend muss das sein!!!"
13	forschen, fragen, verhören: Wieso-, Weshalb-, Warum-Fragen	„Warum sagen Sie das erst jetzt?"
14	Rechthaberei	„Es ist Ihre Pflicht, diese Arbeit fristgerecht abzuliefern."
15	zurückziehen, ablenken, ausweichen	„Sorry, ich hab jetzt grad Wichtigeres zu tun!"
16	Ich kann nicht ..., ich muss ...	„In diesem Fall kann ich Ihnen keine anderen Aufgaben mehr in diesem Projekt geben."
17	Verantwortung vorschieben, bevormunden, sich auf Autorität berufen	„Ich habe hier die Verantwortung für das Projekt, deshalb machen Sie das jetzt bitte."

In Anlehnung an die Kommunikationssperren von Thomas Gordon[xi]

Was geschieht hier eigentlich? In den Beispielen 1 bis 5 setzt sich der Projektleiter über den Kollegen. Zuerst versucht er ihn in die gewünschte Richtung zu bewegen, ohne sich ein Bild seiner Situation zu verschaffen. Danach signalisiert er ihm, dass er nicht weiß, wie man etwas macht. Mit den Dominanzstrategien 6 bis 12 wird dem Kollegen mit Diagnosen und Analysen mitgeteilt, dass mit ihm etwas nicht stimmt. Bei der Botschaft 13 läuft der Kollege ins Leere oder bekommt vermittelt, dass er etwas falsch gemacht hat. Bei den Beispielen 14 bis 17 geht es darum, die Verantwortung abzugeben oder so an sich zu reißen, dass die Gleichwertigkeit verloren geht.

Versetzen Sie sich in die Lage des Kollegen. Wie würden Sie auf solche Aussagen reagieren? Würden Sie in den Gegenangriff gehen, sich schuldig fühlen, sich schämen oder Sorgen machen, wie es jetzt mit Ihnen weiter geht? Wie würde sich das auf Ihre Freude, zum Gelingen des Projektes beizutragen auswirken? Wie motiviert wären Sie jetzt, zu kooperieren?

4.3 Wie Konflikte entstehen und eskalieren

Wir haben beleuchtet, wie schnell sich Dominanzstrategien einschleichen können. Je häufiger Sie diese verwenden, desto größer ist die Gefahr, dass Auseinandersetzungen eskalieren. Ehe man sich versieht, nimmt ein Konflikt eine Dynamik an, aus der es schwierig ist, wieder herauszukommen.

Friedrich Glasl, Konfliktforscher, Mediator und Dozent für Organisationsentwicklung, hat die Dynamik von diversen Konflikten genau studiert und dabei ein Stufenmodell entwickelt, das Konflikte in neun Eskalationsstufen[xii] aufteilt.

Die neun Stufen der Konflikteskalation nach Friedrich Glasl

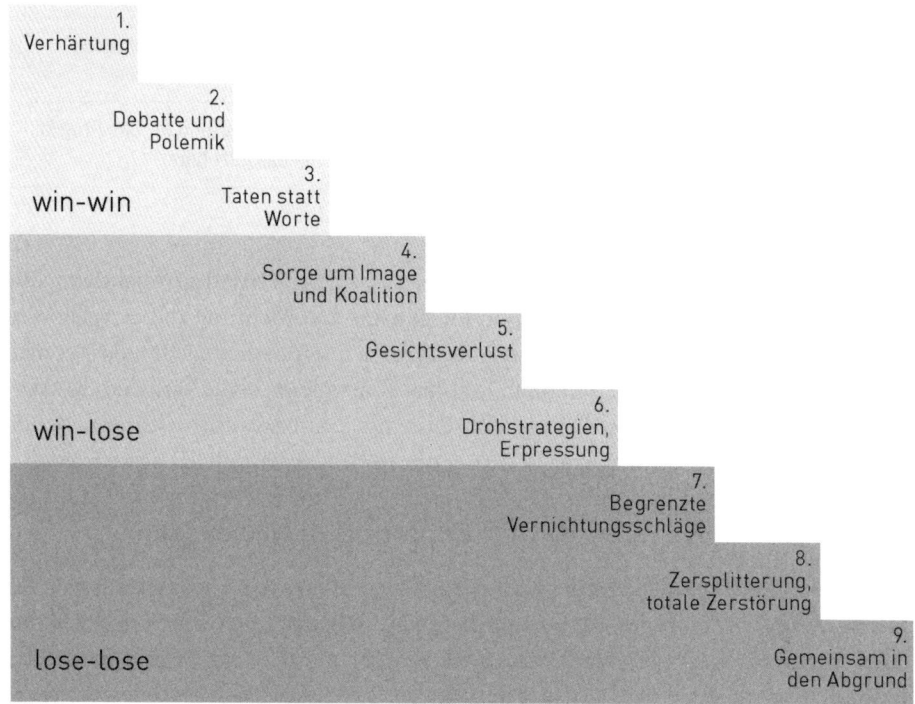

1. Verhärtung

In der Regel beginnen Konflikte mit unterschiedlichen Meinungen und damit verbundenen Spannungen. Das geschieht jeden Tag und wird in der Regel nicht als Konflikt wahrgenommen.

2. Debatte & Polemik

In dieser Stufe wird polarisiert, nach starken Argumenten gesucht, wie das Gegenüber überzeugt werden könnte. Bereits jetzt fällt es den Konfliktpartnern schwer, sich gegenseitig zu hören, weil man damit beschäftigt ist, Gegenargumente zu sammeln und um jeden Preis Recht behalten möchte.

3. Taten statt Worte

Man merkt, dass man mit Debattieren nicht weiter kommt. Man glaubt bereits jetzt nicht mehr daran, dass man gemeinsam eine Lösung finden kann, die die Anliegen aller Parteien erfüllt. Deshalb folgen Taten statt Worte: Es wird nicht mehr diskutiert, schon gar nicht mehr einfühlsam zugehört, sondern befohlen oder einfach gemacht. Dies erkennt man auch an Aussagen wie: „Ich musste, ich hatte keine andere Wahl."

4. Sorge um Image und Koalition

Mit dem Übergang zur Stufe vier sinkt die Wahrscheinlichkeit drastisch, eine Win-Win-Lösung ohne Unterstützung von außen zu finden. Wenn man sich bis dahin über das Verhalten des Gegenübers geärgert hat, so manifestiert sich jetzt ein klares Feindbild und die Person als Ganzes wird wertend kritisiert. Man sieht nur noch das, was mit dem eigenen Urteil übereinstimmt und so kommt es dann auch zu selbsterfüllenden Prophezeiungen. Denkt man zum Beispiel von einem Kollegen, dass er ein notorischer Besserwisser ist, so wird alles, was er sagt, als eine Einmischung in fremde Angelegenheiten wahrgenommen. Zudem sucht man in dieser Phase auch nach Verbündeten und bildet Koalitionen, was wiederum das Feindbild stärkt.

5. Gesichtsverlust

Hier unterstellt man dem Gegner absichtliches, feindliches Handeln. Die Person wird moralisch diskreditiert und ihre Glaubwürdigkeit infrage gestellt. Ihrem Handeln unterstellt man böse Absichten, was wiederum zu bestrafender Anwendung von Macht legitimiert. Dies kann sich im Alltag z.B. durch ein systematisches Ausschließen einer Person zeigen, wie dies auch bei Mobbing vorkommt.

6. Drohstrategien, Erpressung

Der nächste Schritt ist die Phase der „Drohstrategien": Weil alle Strategien bis dahin nicht zu einer Lösung geführt haben, droht man nun mit Sanktionen und Strafen. Dieser Schritt gibt der Konfliktentwicklung Tempo, denn die Drohungen werden meist mit einem Ultimatum versehen. Das gibt Druck und das Gegenüber reagiert eventuell mit Gegendrohungen. Nehmen wir den Mechanismus der Drohung etwas genauer unter die Lupe, dann zeigen sich die möglichen Gefahren. Hier ein Beispiel dazu:

Herr Konrad versucht seit Monaten den Wochenbericht pünktlich bis Freitag 14.00 Uhr einzufordern. Leider gibt es in seinem Team einen Mitarbeiter, der diesen Statusbericht nicht termingerecht abliefert. Alle bisherigen Gespräche haben nichts daran geändert. Um diesen unzuverlässigen, unkooperativen Mitarbeiter in die Knie zu zwingen, droht er ihm, die Bonuszahlungen am Jahresende zu kürzen. Die Reaktion des Mitarbeiters: „Wegen der paar Euros! Der kann noch lange auf die Wochenberichte warten!" Nun ist Herr Konrad in einer sehr unangenehmen Lage, denn wenn er seine Glaubwürdigkeit wahren möchte, muss er die Drohung umsetzen. Der Mitarbeiter liefert weiterhin keine Berichte und lässt keine Gelegenheit aus, seinen Arbeitskollegen zu erzählen, wie kleinlich der Chef ist. Hätte Herr Konrad sich vorher überlegt, welchen Preis er für die Drohung bezahlen muss, hätte er sich wohl kaum dazu verführen lassen.

Bei den Eskalationsstufen 4 bis 6 ist der Fokus der Parteien auf eine Win-Lose-Strategie ausgerichtet. Jede Partei versucht auf Kosten des anderen zu bekommen, was sie will. Dabei gibt es immer einen Gewinner und einen Verlierer.

7. Begrenzte Vernichtungsschläge

Mit dem Überschreiten der Schwelle zur Stufe sieben werden eigene Verluste in Kauf genommen, sofern die gegnerische Partei einen größeren Schaden davon trägt. Es kommt zu begrenzten Vernichtungsschlägen oder zur Sabotage. Dies kann sich z.B. durch eine plötzlich gelöschte Festplatte oder Vorenthalten von wichtigen Entscheidungsgrundlagen zeigen.

8. Zersplitterung, totale Zerstörung

Hier wird die gänzliche Zerstörung auf physischer, materieller, wirtschaftlicher oder seelischer Ebene angestrebt. Man versucht z.B. durch Gerüchte oder üble Nachrede, die Gegenpartei zu zersplittern. Dabei geht es nicht mehr darum, für sich einen Nutzen zu generieren, sondern dem Feind einen größeren Schaden zuzufügen.

9. Gemeinsam in den Abgrund

Bei Stufe neun schließlich ist man bereit, gemeinsam in den Abgrund zu gehen. Es kommt zur Vernichtung des Feindes zum Preis der Selbstvernichtung.

Die Eskalationsstufen zeigen, dass Konflikte nicht von heute auf morgen kommen, sondern allmählich heranwachsen. Es zahlt sich deshalb aus, diese möglichst früh zu erkennen. So können Sie leichter aus der Konfliktdynamik aussteigen. Mit dem Erlernen der Wertschätzenden Kommunikation entwickeln Sie die Fähigkeit, Konflikte im sprachlichen und nonverbalen Ausdruck frühzeitig zu erkennen und deeskalierend entgegenzuwirken. Und noch besser, Sie beugen nervenaufreibenden Konflikten vor, weil Störungen und Spannungen frühzeitig angesprochen werden.

MANAGEMENT SUMMARY

Ungelöste Konflikte verursachen enorme Kosten, denn sie binden viel Energie und Aufmerksamkeit. Die Gedanken drehen sich immer wieder um den Konflikt, statt um die eigentliche Arbeit. Wird das Gegenüber als Bedrohung eingestuft, laufen wir Gefahr, dass sich unser rationales Denken ausklinkt und unser Gehirn auf den Überlebensmodus unseres Limbischen Systems umstellt. Dieses kennt vor allem drei Reaktionen: Flucht, Angriff, Lähmung. Übernimmt das Limbische System die Führung, kommen Verhaltensweisen zum Vorschein, die wir unter „sicheren Umständen" niemals an den Tag legen würden, wie z.B. übermäßiges Lautwerden, drohen, der Person aus dem Weg gehen oder Kontaktabbruch. Je nach Eskalation eines Konfliktes können Konflikte nicht mehr alleine gelöst werden und es braucht Hilfe von außen. Mit einer bewussten Sprache und einer wertschätzenden Haltung in der Führung können Sie dem wirkungsvoll und präventiv entgegenwirken. Neben der höheren Motivation, die daraus entsteht, sparen Sie sowohl für sich als auch für das Unternehmen mit einfachen Mitteln Kosten ein. Sie vermeiden auch den unfreiwilligen, konfliktbedingten Verlust von wichtigen Mitarbeitenden.

5. Das Fundament Wert-schätzender Kommunikation

Wenn wir unsere Kunden fragen, wie sie von anderen behandelt werden möchten, dann bekommen wir meist zur Antwort: „Offen, ehrlich, respektvoll, mit echtem Interesse, Wertschätzung und Akzeptanz." Auf die Frage, wie sie dies bewirken können, hören wir dann beispielsweise: „... indem ich mich selbst so verhalte." In der Tat wirkt es sehr ansteckend, seinen Mitarbeitenden und Kollegen zu zeigen, dass ihre Anliegen ernst genommen werden. Diese sind dann eher bereit, sich ebenfalls kooperativ zu verhalten. Dies entspricht auch menschlichen Grundprinzipien, die mehrfach in der Neurobiologie erforscht wurden. Unsere Erfahrung zeigt, dass die wirkliche Motivation am Arbeitsplatz nicht allein durch Geld entsteht. Bleiben Mitarbeitende nur wegen des Geldes, so sind sie in der Regel auch bereit, das Unternehmen zu verlassen, wenn die Konkurrenz mehr bietet. Diese Form der Mitarbeiterbindung halten wir deshalb für fraglich. Ist die finanzielle Existenz erst einmal gesichert, möchten die Menschen in ihrer Arbeit zufrieden sein, Wertschätzung erleben und einen sinnvollen Beitrag zu etwas leisten. Ist dieses gewährleistet, stärkt es die Bindung an das Unternehmen und die Motivation, zum Unternehmenserfolg beizutragen, wächst. In Zahlen und Fakten spiegelt sich das auch in den anfangs erwähnten Studien von KPMG und Gallup wider: Das in der Arbeitswelt am meisten genannte Anliegen ist, als Person mit seiner eigenen Leistung gesehen zu werden.

Vielleicht haben Sie die Wertschätzende Kommunikation schon kennen gelernt und Elemente davon ermutigt ausprobiert. Hier zeigen wir Ihnen Wege auf, wie Sie sich der elementaren Einstellung hinter diesem Kommunikationsmodell weiter nähern können. Wenn Sie diese Methode als Technik benutzen, um zu einem ganz bestimmten Ergebnis zu kommen, wird es nicht funktionieren, ohne dass Beziehungen darunter leiden. Stattdessen geht es im Kern darum, dass Sie eine wertschätzende Beziehung zu anderen aufbauen, in der die Anliegen aller Beteiligten zählen. So schaffen Sie eine Basis, aus der heraus Menschen freiwillig und gerne zusammen arbeiten. Die Auswahl einiger Grundannahmen in der Wertschätzenden Kommunikation verdeutlicht dieses:

1. Menschen sind bereit zu kooperieren, wenn Sie vertrauen können, dass sie mit ihren eigenen Anliegen gesehen und gehört werden.

2. Bedürfnisse sind die Motivation jeglichen menschlichen Handelns. Jedes Verhalten dient der Erfüllung von Bedürfnissen.

3. Jede Form von Kritik, Angriff, Vorwurf usw. ist Ausdruck unerfüllter Bedürfnisse.

4. Jeder Mensch hat bemerkenswerte Ressourcen und Fähigkeiten, die uns erfahrbar werden, wenn wir durch Empathie mit ihnen in Kontakt kommen.

5. Es gibt keine Hierarchie auf der menschlichen Beziehungsebene, es besteht Gleichwertigkeit unter allen.

Diese Annahmen laden möglicherweise zur Diskussion ein. Entscheidend finden wir dabei, sich selbst zu fragen: Inwieweit ist es nützlich und hilfreich so zu denken? Stellen Sie sich vor, Sie haben einen Konflikt mit einem Kollegen. Sie hatten mit ihm vereinbart, dass er Ihnen die dringend benötigten Zahlen für Ihre Kundenpräsentation bis heute liefert. Jetzt teilt er Ihnen mit, dass er noch Wichtigeres zu tun hätte und die Zahlen nicht zusammentragen konnte. Nehmen wir an, Sie hätten sich entschieden, die oben erwähnten Sätze als Ihre persönliche Wahrheit anzusehen. Wie würde sich dies auf den Gesprächsverlauf auswirken?

Kann es sein, dass die Ansichten eins bis vier Sie darin unterstützen, sich auf das Gegenüber einzulassen, ohne gleich mit Kritik oder Urteilen zu kontern? Macht es Sie sogar neugierig, herauszufinden welche Bedürfnisse die Person daran hindern, Ihnen zuzuarbeiten? Wird dadurch das Vertrauen in Ihnen gestärkt, mit Ihrem eigenen Anliegen auch gehört zu werden? Wenn Sie, wie im Satz fünf beschrieben, davon überzeugt sind, dass es keine Hierarchie auf der menschlichen Beziehungsebene gibt, sind Sie dann allenfalls bereit, die Bedürfnisse beider Seiten gleichwertig auf den Tisch zu bringen und partnerschaftlich zu verhandeln? Unterstützt Sie diese Einstellung darin, die Verbindung zum Gegenüber aufrechtzuerhalten? Wenn ja, dann sind Sie einer Konfliktlösung schon ein großes Stück näher gekommen. Denn Meinungsverschiedenheiten oder Konflikte können nur dann im Gespräch geklärt werden, wenn die Verbindung und die Bereitschaft zu kommunizieren aufrechterhalten bleibt.

Der fünfte Satz wirft im Geschäftsbereich manchmal die Frage auf: „Wie soll das gehen, wir haben doch Hierarchien in Unternehmen!" Wir haben dazu folgende Sichtweise: In Unternehmen gibt es Hierarchien, die auch bestimmten Zwecken dienen, z.B. Klarheit, Sicherheit und Orientierung. Verbunden mit einer Hierarchie sind Rollen, Aufgaben, Entscheidungskompetenzen und Blickwinkel, aus denen wir Situationen beurteilen. Das heißt aber nicht, dass die Bedürfnisse der Menschen je nach Position im Unternehmen wichtiger oder weniger wichtig sind als andere. Wir haben immer die Möglichkeit, uns als Mensch zu begegnen – auf dieser Ebene sind alle gleichwertig.

Wenn wir unsere Bedürfnisse auf Kosten anderer erfüllen, dann entsteht ein Ungleichgewicht, das die Beziehung belastet und freiwillige Kooperation verhindert. Wohlgemerkt, ein Ungleichgewicht auf der Beziehungsebene kann von zwei Seiten her geschehen. Entweder Sie stellen sich über den anderen oder Sie stufen sich selbst zurück und unterwerfen sich. Beides ist nicht förderlich für ein Gespräch auf gleicher Augenhöhe. Wenn Sie sich also sagen, ich und meine Bedürfnisse sind wichtiger als die der anderen, dann wird Ihre Bereitschaft, auf das Gegenüber einzugehen, sehr gering sein. Wenn Sie sich sagen, dass Sie und Ihre Bedürfnisse weniger wichtig sind, dann werden Sie sich kaum beharrlich für Ihre Anliegen einsetzen. Mit einer stets achtsamen Haltung und Einstellung für Gleichwertigkeit fördern Sie eine offene Verständigung und beugen Konflikten vor.

„Don't be nice, be real!"
Kelly Bryson

5.1 Auf die Einstellung kommt es an

Ihre innere Einstellung trägt also maßgeblich dazu bei, ob (Geschäfts-)Beziehungen funktionieren oder nicht. Um durch einen neuen Sprachgebrauch zu einer anderen Haltung zu kommen, benötigen wir die Offenheit und Bereitschaft, vertraute Verhaltensmuster und Überzeugungen zu hinterfragen. Dazu gehört auch, aufmerksamer für die eigenen Gewohnheiten zu werden. Wir können uns täglich neu fragen: „Was tue ich gerade? Welche Auswirkungen hat das auf andere? Schätze ich meine Kollegen, Mitarbeitenden, Kunden? Wie ist die Art dieser Beziehungen untereinander in der Organisation? Erkennen meine Mitarbeitenden den Sinn und die Vision des Unternehmens? Sind sie erfüllt von ihrer Arbeit und bereit, sich für die Firma zu engagieren? Wie steht es um meine eigene Bereitschaft?" Erinnern Sie sich dabei daran, wie Sie gerne von Ihren Mitarbeitenden, Vorgesetzten oder Kunden behandelt werden möchten.

> **„Ein Beispiel zu geben ist nicht die wichtigste Art,**
> **wie man andere beeinflusst. Es ist die einzige."**
> *Albert Schweitzer*

5.1.1 Durchsetzen – aufgeben – nachgeben – Win-Win?

Mit einer partnerschaftlichen Haltung tragen Sie entscheidend dazu bei, dass Sie in herausfordernden Gesprächen und Konflikten zu Win-Win-Lösungen gelangen. Mit dieser Einstellung zählen die Anliegen aller Gesprächspartner gleich viel. Die Form des Umgangs ist von Wertschätzung geprägt und bedeutet praktisch, dass Sie sich zusammensetzen, um hinter den verschiedenen Positionen die wirklichen Anliegen zu finden. Damit erarbeiten Sie gemeinsam vielfältige Handlungsmöglichkeiten, die allen gerecht werden. Auf diese Art stärken Sie Ihre Beziehungen nachhaltig.

Mit der Haltung, dass Ihre Bedürfnisse wichtiger sind als die des Gegenübers, einem schwarz/weiß-Denken von richtig oder falsch, gut oder böse, laufen Sie Gefahr, sprachlich in die Dominanzstrategien abzugleiten (siehe Abschnitt 4.2). Bei solch einer gelebten Einstellung und Haltung gibt es nur noch Gewinner und Verlierer. Sei es, weil Sie sich auf Kosten anderer durchsetzen, zu Gunsten anderer unterwerfen oder letztlich aufgeben. Wie unvorteilhaft sich das auf Beziehungen auswirken kann, zeigen die Eskalationsstufen aus dem letzten Kapitel auf.

In Einzelfällen gibt es in der Wertschätzenden Kommunikation auch Ausnahmen – z.B. dann, wenn der Schutz des Lebens betroffen ist. Da sprechen Sie ein klares Wort, das keine Diskussion zulässt (siehe auch Kapitel 11). Entscheidend ist dabei die Haltung, aus der heraus Sie das tun: Bleiben Sie trotz allem in einer wertschätzenden Verbindung zum anderen oder sprechen Sie das „Machtwort" als autoritäre Sanktion oder Bestrafung aus? Ähnliches gilt, wenn Sie entscheiden, sich aus einem länger anhaltenden Konflikt zurückzuziehen, weil Sie momentan nicht die nötige Energie aufbringen, im Gespräch zu bleiben. Oder in wiederholten Auseinandersetzungen einmal nachzugeben, weil es Ihnen im Augenblick leichter fällt, den eigenen Wunsch zurückzustellen. Auch bei den letzten beiden Handlungsoptionen ist Ihre innere Haltung und Absicht entscheidend: Wollen Sie dennoch im Kontakt zum anderen bleiben und sich beim nächsten Mal wieder beharrlich für sich einsetzen?

5.2 Empathie – emotionale Intelligenz

Die Fähigkeit, auf das Gegenüber einzugehen und einfühlend zuzuhören, gehört zu den Schlüsselkompetenzen eines erfolgreichen Beziehungsmanagements und in der Führung. Wie kann es gelingen, die wahren Anliegen hinter den Meinungen und Positionen der Gesprächspartner zu erkennen? Jeder Mensch hat von Grund auf die Fähigkeiten dazu, sich in die Schuhe anderer zu stellen. Wir entwickeln uns jedoch von dieser Begabung weg, je stärker wir uns an gesellschaftlichen Gewohnheiten und moralischen Konzepten orientieren. Der Fokus ob etwas richtig oder falsch ist, jemand Schuld ist oder Recht hat, gut oder böse ist, hindert uns daran, die Welt des anderen wirklich zu entdecken.

Häufig sind wir in Gesprächen verleitet, anstatt aufmerksam zuzuhören, lieber die eigene Geschichte zu erzählen, Menschen zu beschwichtigen, zu trösten oder Lösungen und Ratschläge zu liefern. Wir verlassen die Ebene der Gleichwertigkeit, wenn wir z.B. glauben, zu wissen, was der andere jetzt tun könnte, damit es ihm besser geht (siehe Abschnitt 4.2: Dominanzstrategien). Oftmals wird Empathie mit sympathischem Kontakt verwechselt. Mehr oder weniger verständnisvoll wechseln wir dann aus der Welt des anderen in die eigene Weltsicht zurück und damit auch in die eigenen Empfindungen. Mitleid oder Mitgefühl könnten weitere Beschreibungen dieses gemeinsamen Erlebens sein.

Empathie ist zum einen die Fähigkeit, sich in einen anderen Menschen hinein zu versetzen und die Aufmerksamkeit ausschließlich auf dessen Gefühle und Bedürfnisse zu richten, ohne sie mit den eigenen Anliegen zu vermischen. Wir versuchen dabei, die Welt mit seinen Augen zu sehen, ohne zu bewerten oder eine Lösung im Auge zu haben. Dies geschieht größtenteils nonverbal. Mit Worten können wir die Wahrnehmung überprüfen, indem wir nachfragen, falls wir nicht sicher sind, ob wir mit dem Gegenüber in Kontakt gekommen sind. Das Entscheidende in der Empathie ist die uneingeschränkte Präsenz im jetzigen Moment. Dabei geht es nicht darum, dem anderen in seinen Handlungen zuzustimmen. Diese Verwechslung würde die Fähigkeit zuzuhören enorm erschweren. Wir brauchen – auch in einer Konfliktsituation – nicht einer Meinung mit der anderen Person sein, um sie zu verstehen.

Es braucht also ein Rückbesinnen auf ursprüngliche menschliche Fähigkeiten und das Vertrauen, dass Menschen die Fähigkeit haben, selbst für sich zu sorgen. Der Prozess des empathischen Zuhörens unterstützt Menschen dabei, mit den eigenen Bedürfnissen und Ressourcen in Kontakt zu kommen. Danach kommt oftmals von selbst ein Impuls zu einem weiterführenden Handlungsschritt. Das zeigt, dass nachhaltige Verhaltensänderungen auf der emotionalen Ebene stattfinden.

> „Wenn es ein Geheimnis des Erfolgs gibt, so ist es das, den Standpunkt des anderen zu verstehen und die Dinge mit seinen Augen zu sehen." – *Henry Ford*

5.3 Rollenverständnis und Führungsstil mit WSK

Vielleicht stellen Sie sich die Frage, welchen Führungsstil Sie anwenden, wenn Sie mit der WSK führen?

Aus unserer Sicht bietet die WSK große Klarheit und gleichzeitig Flexibilität im Führungsstil. Wir sehen diesen Ansatz als ein Zusammenspiel zwischen kooperativem und situativem Führen. Manche Mitarbeitende brauchen mehr Orientierung, andere eher selbstbestimmte Freiräume. Entscheidend ist, die Bedürfnisse des Einzelnen besser zu erkennen. Dadurch unterstützen Sie Ihre Mitarbeitenden, ihre Arbeit gerne zu erfüllen und ihre Potenziale auszuschöpfen. Sie wechseln dabei je nach Bedarf in die Rollen der Förderin, des Unterstützers, des Sparringspartners, der Befähigerin, des Dienstleisters, der Dirigentin, des Kooperationspartners, des Coaches oder der Mentorin. Der respektvolle Umgang auf Augenhöhe und die Fähigkeit empathisch zuzuhören unterstützen Sie dabei. Damit fördern Sie Mitverantwortung und machen aus Mitarbeitenden Mitunternehmer. Gleichzeitig tragen Sie mit der Haltung der WSK zu Transparenz und damit auch zu Ihrer Glaubwürdigkeit als Führungsperson bei.

> „Führen heißt vor allem, Leben in den Menschen wecken, Leben aus ihnen hervorlocken."
> *Anselm Grün*

MANAGEMENT SUMMARY

Die elementare Einstellung in der WSK entspricht den menschlichen Grundprinzipien. Wirkliche Motivation entsteht, wenn Menschen mit ihrem Tun wahrgenommen werden, Sinn in ihrer Arbeit sehen und Respekt in ihren Beziehungen erleben. Dies schafft eine Basis, aus der heraus Menschen gerne zum Wohl anderer beitragen. Beziehungen werden beschädigt, wenn WSK als Technik verstanden wird, um andere dahin zu bringen, dass sie tun, was wir wollen. Die innere Haltung der WSK wird Sie aber darin unterstützen, das handlungsorientierte Sprachmodell (s. nächstes Kapitel) in der Praxis erfolgreich umzusetzen und Ihre empathischen Kompetenzen auszubauen. Mit der WSK fördern Sie Ihren kooperativen und situativen Führungsstil. Diese Art von Kommunikation wird sich in den nächsten Jahren zu einer Kernkompetenz im Umgang mit Menschen entwickeln.

6. Klar und einfach: die positive Handlungssprache

Wünschen Sie sich manchmal, kurz und klar das Wesentliche zu sagen und gleichzeitig verbindlich zu bleiben? Das Modell der positiven Handlungssprache macht es mit Hilfe von vier Schritten möglich. Und dies mit weniger als 40 Worten! Der Rahmen mag zunächst ungewohnt wirken, doch gibt er Richtung und Halt in Form eines Geländers, das Sie jederzeit greifen können. Die vier Schritte gleichen einem roten Faden, an dem Sie sich im Gespräch orientieren können. Vor allem zielt die bewusste Wahl der Sprache darauf hin, eine Haltung von Eigenverantwortung und Gleichwertigkeit zu fördern.

Die vier Schritte der positiven Handlungssprache

Schritt	Inhalt
1. Beobachtung „Die Szene im Kasten" gibt eine wertfreie Beschreibung des Geschehens wieder, als ob Sie einen Film drehen würden.	Was genau ist geschehen? Worauf beziehen Sie sich im Gespräch? ⇢ Beobachten, ohne zu bewerten
2. Befinden Das Befinden spiegelt Ihre Emotionen wider, die wie Wellen kommen und gehen.	Wie geht es Ihnen, wenn Sie das sehen, hören, wahrnehmen? ⇢ Befinden, ohne Gedanken oder Analysen

Schritt	Inhalt
3. Bedürfnis Die Bedürfnisse sind der Kern des Gespräches. Damit bringen Sie Ihr Anliegen auf den Punkt.	Welches Bedürfnis kommt im Moment zu kurz und möchte gern erfüllt werden? ⤑ Universelles Bedürfnis, nicht an Personen oder Objekte gebunden
4. Bitte Mit der Bitte geben Sie Ihrer Handlung eine klare Richtung und zeigen, wie es weitergehen kann.	Was wollen Sie jetzt konkret tun, um Ihr Bedürfnis zu erfüllen? ⤑ Konkrete Handlungsstrategie, an bestimmte Personen oder sich selbst gebunden

In den folgenden Abschnitten lesen Sie, worum es in den einzelnen Schritten genau geht und was es dabei zu beachten gilt. Die Symbole werden Sie zur Orientierung wiederfinden.

> „Der Ursprung allen Konfliktes zwischen mir und meinen Mitmenschen ist, dass ich nicht sage, was ich meine, und dass ich nicht tue, was ich sage."
> *Martin Buber*

6.1 Mit den Fakten beginnen

Im ersten Schritt beginnt die Qualität der neuen Sprache. Es lohnt sich für die „neuen Vokabeln" Zeit zu nehmen, um nicht über bekannte Fallstricke zu stolpern. Haben Sie in einer hitzigen Situation auch schon erlebt, wie schnell der kleine Mann im Ohr sich verselbständigt und blitzschnell die Leiter der Schlussfolgerungen (s. folgende Grafik nach Chris Argyris, 1990[xiii]) hochklettert? Mit seinen Gedanken, Interpretationen, Annahmen und Überzeugungen sowie dem Blick durch seine persönliche Bedeutungsbrille, gibt er dem Gehörten eine persönliche Einfärbung. Diese hat oft gar nicht so viel mit dem zu tun, was die sprechende Person vermitteln wollte. Hierzu ein Beispiel:

Der Mitarbeiter sagt seiner Chefin: „Das ist in diesem Monat nicht zu schaffen, ich habe noch zwei Projekte laufen, bei denen der Abgabetermin vor der Tür steht."

Innere Reaktion der Führungskraft:

Die Leiter der Schlussfolgerungen

Ich entscheide und handle aufgrund dieser Überzeugung	7. So geht es jedenfalls nicht weiter. Das kann ich mir nicht bieten lassen. Ich werde ein Machtwort sprechen.
Ich bilde Überzeugungen über die Wirklichkeit	6. Man muss einfach mehr durchgreifen.
Ich ziehe meine Schlüsse daraus	5. Ich habe nicht deutlich genug gesagt, was Sache ist. Hier macht bald jeder, was er will.
Ich mache Annahmen auf Basis dieser Bedeutungen	4. Wahrscheinlich ist er nicht belastbar, und ich muss jetzt die Konsequenzen tragen.
Ich versehe die Daten mit Bedeutungen	3. Bestimmt hat er keine Lust und will sich vor der Arbeit drücken.
Ich treffe eine bestimmte Auswahl der verfügbaren Daten	2. Das hab ich doch schon einmal von ihm gehört.
Wahrnehmung und Erfahrung wahrnehmbarer Daten	1. Mein Mitarbeiter sagt: "Das ist in diesem Monat nicht zu schaffen. Ich habe noch zwei Projekte laufen, bei denen der Abgabetermin vor der Tür steht."

Das so genannte „Machtwort" als Resultat der vielen Gedankengänge, bekommt der Mitarbeiter möglicherweise wie folgt zu hören: „Wenn das alle sagen würden! Keine Diskussion, Sie übernehmen das Projekt!"

Diese, von Interpretationen beeinflusste Aussage, trägt höchstwahrscheinlich nicht zur Klarheit und Verbesserung der Beziehung bei. Hier ist die intellektuelle Kompetenz gefragt und die Kunst, wieder auf den Boden der reinen Daten und Fakten zurückzukommen:

⤳ Sagen Sie Ihrem Gegenüber, als Einstieg in den Dialog, auf welches Ereignis oder Verhalten Sie sich konkret beziehen.

⤳ Benennen Sie das Hör- und Sehbare, ohne Verallgemeinerung oder Interpretation. So stellen Sie sicher, dass Sie nicht in Widerstände laufen und eine klare und neutrale Ausgangsbasis für das Gespräch schaffen. Denn kommt bei Ihrem Gegenüber eine Verallgemeinerung oder Bewertung an, wird es ihm schwerfallen, weiter zuzuhören und er wird sich vermutlich verteidigen oder innerlich zurückziehen.

Wir sind so konditioniert, dass Beobachtungen automatisch mit Bewertungen verknüpft werden, die aus eigenen Erfahrungen stammen. Sie erfüllen auch einen guten Zweck, zum Beispiel Gefahr zu erkennen und das Leben zu schützen. Dies macht es schwer, Bewertungen von heute auf morgen abzulegen. Doch schon das bewusste Erkennen bringt einen Schritt weiter.

Die folgenden Beispiele zeigen, wie die Präzision der Beobachtung dabei hilft, die Offenheit im Gespräch zu bewahren.

Bewertung und mögliche Reaktion	Beobachtung und mögliche Reaktion
A: „Ihr Konzept ist keine Glanzleistung." B: „Ich weiß gar nicht, was Sie meinen, das ist doch vollkommen o.k."	A: „In Ihrem Konzept suche ich vergeblich die zwei besprochenen Punkte ... und ..." B: „Daran kann man was ändern."
A: „Sie wollen das nicht tun, weil andere Dinge wichtiger sind?" B: „Das habe ich nicht gesagt, aber sehen Sie doch mal, wie es bei mir aussieht ..., ich bin ja immer bereit, anzupacken wenn es brennt, aber ich kann mich doch nicht dreiteilen ..."	A: „Sie sagen, dass das jetzt nicht zu schaffen ist, weil Sie noch zwei andere Projektabgaben anstehen haben ..." B: „Genau." A: „Ich möchte Ihnen jetzt die aktuelle Situation schildern ..."

„Beobachten, ohne zu bewerten ist die höchste Form menschlicher Intelligenz."
Jiddu Krishnamurti

MANAGEMENT SUMMARY

Beginnen Sie mit den Fakten: Mit einer bewertungsfreien Beobachtung bringen Sie Klarheit und Qualität ins Gespräch. Der andere weiß, worum es geht und bleibt aufmerksam, ohne sich zurückzuziehen oder zu verteidigen. Sie stellen sicher, dass der Fokus auf die reinen Tatsachen und Fakten gerichtet wird, statt sich in Nebenschauplätzen zu verlieren.

6.2 Den eigenen Kompass als Wegweiser nutzen

Alles, was wir erleben und auf einer intellektuellen, vermeintlich sachlichen Ebene beurteilen, wird simultan in unserem Limbischen System auch auf der Gefühlsebene[xiv] bewertet. Je nach Bewertung werden Nervenzellen-Botenstoffe aktiviert, die sich direkt auf unser Handeln auswirken.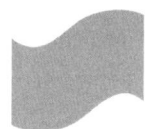

Ohne die Energie der Emotionen könnten wir Situationen nicht als lebensdienlich oder gefährlich einschätzen und es würde uns an Umsetzungskraft fehlen.

Kennen Sie die Situation? Eine wichtige Personalentscheidung steht an, die Sie möglichst gewissenhaft treffen wollen. Sie haben die Unterlagen studiert, einiges entdeckt, das Sie beeindruckt hat und anderes, das Ihnen weniger gefällt. Jetzt sitzt die Kandidatin vor Ihnen, die ersten Sätze sind gewechselt. Aus dem Bauch heraus haben Sie schon entschieden, ob Sie diese Person einstellen möchten oder nicht. Erst danach werden die Argumente gesammelt und sortiert, um diese Entscheidung zu untermauern.

Gefühle sind schneller als der Verstand. In Bruchteilen von Sekunden setzen sie Signale, ob etwas „stimmt" oder „nicht stimmt" und sind damit also ein wertvoller Kompass zu dem, was wir brauchen. Dies hat eine doppelseitige Wirkung: Die Wirkung nach innen: Im Umgang mit sich selbst bedeutet das innere Unterstützung zur Selbstklärung. Die Wirkung nach außen: Wir werden als Mensch sichtbar, wenn wir unser Befinden aussprechen und öffnen damit ein Fenster zum Gegenüber. Häufig wird das Aussprechen von Gefühlen im Arbeitsleben als Tabu angesehen. Doch mit dem Zeigen der eigenen emotionalen Beteiligung senden wir eine starke Botschaft. Das erhöht die Bereitschaft des Gegenübers zur Kooperation.

Dagegen können unausgesprochene Gefühle beim anderen als Aggression, Unsicherheit, Arroganz usw. ankommen und Abwehrmechanismen auslösen. Das Unbekannte und nicht Einschätzbare besorgt uns und bringt uns in eine erhöhte Alarmbereitschaft. Wenn wir Menschen begegnen, deren Aussehen oder Verhalten unvertraut ist, wertet unser Gehirn das als mögliche Bedrohung und wir gehen möglicherweise auf Abstand (siehe auch Kapitel 4). Auch Mobbing und soziale Zurückweisung beginnen oft mit der Angst vor dem Unbekannten. Sicher haben Sie schon einmal erlebt, dass Ihnen ein Kollege mit heruntergezogenen Mundwinkeln begegnet ist und sich gedacht: „Was ist dem denn über die Leber gelaufen? Dem gehe ich lieber aus dem Weg." Hätten Sie von ihm gehört: „Ich bin heute nicht gut drauf, hab Stress mit meinem Sohn" würde Ihnen das eher Verständnis ermöglichen und Erleichterung verschaffen, dass es nichts mit Ihnen zu tun hat.

Gefühle sind wichtig, doch flüchtig. Sie sind wertvolle Wegweiser dorthin, worum es wirklich geht, so dass wir uns nicht darin zu verfangen brauchen. Deshalb bringen wir diese im zweiten Schritt zum Ausdruck.

Hier eine Liste mit Ausdrücken, die unsere Befindlichkeit widerspiegeln:

Befinden, wenn Bedürfnisse erfüllt sind	Befinden, wenn Bedürfnisse unerfüllt sind
angeregt	alarmiert
begeistert	angespannt
beruhigt	ärgerlich
erfreut	besorgt
ermutigt	bestürzt
erleichtert	beunruhigt
erwartungsvoll	entbrannt
froh	erstaunt
gelassen	frustriert
gut gelaunt	gestresst
hoffnungsvoll	unter Druck
in Hochstimmung	irritiert
inspiriert	misstrauisch
motiviert	nervös
neugierig	perplex
optimistisch	traurig
schwungvoll	unbehaglich
vergnügt	ungeduldig
vertrauensvoll	unruhig, unwohl
voller Tatendrang	unzufrieden
zufrieden	überrascht
zuversichtlich	verwundert

Damit Gefühle entstehen, braucht es zweierlei: Auslöser und Ursache. Ausgelöst werden sie durch etwas, das wir wahrnehmen oder aufgrund der Bedeutung, die wir in Gedanken dem Erlebten beimessen. Verursacht jedoch werden sie durch Bedürfnisse. Dies erklärt das folgende Beispiel:

Sie waren die letzten zwei Wochen für ein wichtiges Projekt unterwegs und haben das Team lange nicht mehr gesehen. Sie möchten gerne wissen, wie der aktuelle Stand der Dinge ist und wie es den anderen Projektmitarbeitenden geht. Dann ruft die Assistentin des Projektleiters an und teilt Ihnen mit, dass die nächste Projektsitzung abgesagt wurde. Wie ist nun Ihre Befindlichkeit? Könnte es sein, dass Sie etwas unzufrieden sind oder genervt, weil Ihnen Austausch und Kontakt wichtig sind?

Ein anderes Szenario: Sie waren die letzten zwei Wochen für das gleiche Projekt unterwegs und hatten kaum Zeit, Ihre Mails gewissenhaft abzuarbeiten. Sie stehen unter enormem Zeitdruck und fragen sich, wie Sie das alles schaffen sollen. Da ruft die Assistentin des Projektleiters an und teilt Ihnen mit, dass die nächste Projektsitzung abgesagt wurde. Wie fühlen Sie sich jetzt? Sind Sie vielleicht erleichtert, weil Sie Ruhe brauchen, um das Liegengebliebene aufzuarbeiten? Oder sind Sie froh, weil die Ihnen wichtige Verlässlichkeit jetzt nicht zu kurz kommt, und Sie die unbeantworteten Mails abarbeiten können? In beiden Fällen ruft die Assistentin an und sagt genau das Gleiche. Je nach Bedürfnis, das gerade in Ihnen wach ist, reagieren Sie anders. Es sind die Bedürfnisse, die Ihr Befinden verursachen – das Verhalten des Gegenübers bleibt nur der Auslöser.

An diesem Beispiel erkennt man auch, wie wichtig unsere Emotionen sind. Sie zeigen Ihnen, ob Ihre Bedürfnisse erfüllt werden oder nicht. Sie sind eine Art Alarmsignal, das dafür sorgt, dass es Ihnen gut geht oder dass Sie Unangenehmes als Kompass dafür erkennen, was Sie brauchen. Je früher Sie diese Signale registrieren, desto besser können Sie etwas für Ihr Wohlbefinden tun. Wir wissen eigentlich ganz genau, was wir bzw. unser Körper braucht. Wir haben nur verlernt, dieser inneren Stimme zuzuhören und sie ernst zu nehmen. Das wieder zu lernen ist eine Facette der emotionalen Intelligenz.

Oft führt der Wunsch nach Orientierung dazu, dass uns Gefühle nicht geheuer sind. Hier liegen Chancen, zu einer neuen Klarheit zu gelangen. Wenn es uns gelingt, die Verknüpfung vom Befinden zu den Bedürfnissen herzustellen, dann ist die Wahrscheinlichkeit groß, dass wir kompetent und sicher Maßnahmen einleiten, die weiterführen.

Der deutsche Sprachgebrauch hat jedoch einige Fallen parat, um wahre Befindlichkeiten außen vor zu lassen:

Gedanken statt Befinden

Geläufige Formulierungen wie z.B. „Ich habe das Gefühl, dass Sie etwas gegen ihn haben" führen zu Missverständnissen, denn hier wird ein Gedanke ausgesprochen und kein Gefühl. „Ich fühle mich auf den Schlips getreten" bezeichnet zwar einen bildhaften Vergleich, doch nicht, was die Person dabei empfindet. Mit der Aussage „Ich fühle mich über den Tisch gezogen" interpretieren oder analysieren Sie das Verhalten eines anderen und geben ihm indirekt die Schuld dafür, dass Sie sich unwohl fühlen. Wichtig ist daher, zwischen echten Gefühlen und sogenannten Pseudo-Gefühlen oder Pseudo-Befinden zu unterscheiden.

Vorsicht: Die folgenden Formulierungen verleiten dazu, dass das Gegenüber einen Angriff hört.

Indikatoren für eine verdeckte Gefühlssprache sind bestimmte Satzanfänge:
Ich habe das Gefühl, dass ... (es folgt ein Gedanke).   – Ich habe das Gefühl, dass Sie das nicht gern machen.   – Ich habe das Gefühl, dass Sie mir etwas vorenthalten.   – Ich habe das Gefühl, er könnte sich noch mehr Mühe geben.
Ich fühle mich wie ... (es folgt ein bildhafter Vergleich).   – Ich fühle mich wie dauernd auf der Überholspur.   – Ich fühle mich wie bei einem Spießrutenlauf.   – Ich fühle mich mit dem Rücken zur Wand.
Ich fühle mich ... (plus ein Verb, was ein anderer tut – ist eine Interpretation/Analyse des Verhaltens anderer).   – Ich fühle mich nicht ernstgenommen.   – Ich fühle mich benachteiligt.   – Ich fühle mich angegriffen.

Bei allen Beispielen wird nichts über die eigene Befindlichkeit gesagt, sondern es werden nur versteckte Vorwürfe ausgesprochen. Dabei wird dem Botschaftsempfänger mitgeteilt: „Du bist nicht in Ordnung und Schuld daran, dass es mir schlecht geht!" Er wird also zum Täter gemacht. Werden Gefühle mit den Worten „... von Ihnen/dir" ergänzt, z.B. „Ich bin enttäuscht von dir!" oder „Ich fühle mich von Ihnen überfahren", dann macht auch dies versteckte Vorwürfe deutlich.

Verantwortung für das eigene Befinden übernehmen

Die Aussage „Ich bin sauer, weil Sie den Termin nicht eingehalten haben" reizt den anderen vermutlich zur Rechtfertigung oder dazu, die Schuld abzuschieben („Ich konnte nicht anders, weil der Kunde ..."), wenn nicht sogar zum Gegenangriff („Sie haben mich gestern auch im Regen stehen lassen!"). Sie riskieren damit, dass sich das Gespräch darum dreht, wer schuld ist oder wer etwas falsch gemacht hat. Diese „Anklage-Strategie" führt zur Verschärfung eines Konflikts und nicht in die Lösung.

Wenn Sie bewusst sprechen, bauen Sie auch hier Widerstände ab und übernehmen Verantwortung: „Ich bin sauer, weil mir daran liegt, dass Absprachen eingehalten werden." Mit dieser Art der Formulierung kommen Sie von der Schuldsuche in die Lösungsfindung. Sie signalisieren deutlich, was Sie in einer Situation brauchen. Die Wahrscheinlichkeit, dass Ihr Gegenüber das besser hören kann, ist groß.

Hinter Pseudo-Befinden stecken jedoch immer echte Gefühle. Diese können Sie mit einer einfachen Formel übersetzen. Sagen Sie sich z.B.: „Ich fühle mich manipuliert", dann fragen Sie sich: „Wie fühle ich mich, wenn ich denke, ich werde manipuliert?" Verunsichert, frustriert oder skeptisch? Echte Gefühle sind frei von Tätern und kommen von innen heraus. Haben Sie ein passendes Gefühlswort gefunden, so können Sie dieses nochmals mit folgendem Satz überprüfen: „Ich fühle mich von innen heraus ‚verunsichert'". Geht das? Ja. „Ich fühle mich von innen heraus manipuliert." Geht das? Nein – weil Sie dafür einen Täter brauchen.

Die folgende Liste zeigt auf, wie „Pseudo-Gefühle" in echtes Befinden übersetzt werden können und wie Sie damit auch Verantwortung für sich selbst übernehmen.

Pseudo-Befinden gibt der anderen Person Verantwortung dafür, was sie scheinbar getan hat, weil wir nicht bereit sind, selbst Verantwortung zu übernehmen	Echtes Befinden
angegriffen	alarmiert, besorgt, unruhig, (panisch), wütend, zornig
ausgenutzt	enttäuscht, bitter, frustriert
belästigt	unter Druck, unruhig, eng, ärgerlich, unbehaglich
dominiert	unbehaglich, unwohl, eng
eingeengt	eng, unruhig, unwohl, gestresst
gedemütigt	ohnmächtig, bestürzt

Pseudo-Befinden gibt der anderen Person Verantwortung dafür, was sie scheinbar getan hat, weil wir nicht bereit sind, selbst Verantwortung zu übernehmen	Echtes Befinden
genötigt	alarmiert, ärgerlich, besorgt, unter Druck
hintergangen	misstrauisch, skeptisch
ignoriert	irritiert, traurig
manipuliert	unsicher, skeptisch, unwohl
unverstanden	frustriert, ungeduldig
unerwünscht	irritiert, unsicher
überfahren	eng, ärgerlich, entbrannt, unwohl
vernachlässigt	einsam
zurückgewiesen	bestürzt, traurig, besorgt

Gleichzeitig weisen Pseudo-Gefühle auf unerfüllte Bedürfnisse hin, die deutlich werden, wenn Sie das Urteil wandeln. Übersetzen Sie dazu die Pseudo-Gefühle, indem Sie sich innerlich fragen „Was will ich anstatt?" ... und schon kommen Sie den dahinter liegenden Bedürfnissen auf die Spur.

„Ich fühle mich übergangen." → „Ich möchte einbezogen sein."
„Ich fühle mich manipuliert." → „Ich möchte wissen, woran ich bin."
„Ich fühle mich ausgenutzt." → „Ich möchte, dass meine Beiträge gesehen werden."

Sie können sich sicher vorstellen, dass es einfacher für Ihr Gegenüber ist, zu hören: „Ich möchte in Entscheidungen mit einbezogen werden" statt „Ich fühle mich ignoriert".

„Es gibt etwas Weiseres in uns als der Kopf ist."
Arthur Schopenhauer

MANAGEMENT SUMMARY

Auch wenn Emotionen im Geschäftsbereich fremd erscheinen, bewirken Sie mit Ausdruck Ihres Befindens eine steigende Aufmerksamkeit beim Gegenüber. Sie zeigen sich damit authentisch und vermitteln starke Botschaften, die achtsamer gehört werden. Weil Sie dadurch als Mensch wahrgenommen werden, sind Ihre Mitmenschen eher bereit zu kooperieren. Zugleich ist Ihr Befinden Ihr innerer Kompass. Er zeigt Ihnen den Weg zum Kern Ihres Anliegens. Wenn Sie bewusst sprechen, bleiben Sie in der Eigenverantwortung und kommen in die Spur der Lösungsfindung.

6.3 Den Motor menschlichen Handelns erkennen

Beim dritten Schritt dreht sich alles darum, was Menschen universell zum Leben brauchen. Erfüllte Bedürfnisse tragen zu unserem emotionalen, sozialen und physischen Gleichgewicht bei. Alles, was Menschen tun, dient der Erfüllung von Bedürfnissen. Vielleicht haben Sie schon die Erfahrung gemacht, dass Mitarbeitende gar nicht von außen dauerhaft motivierbar sind (siehe auch Abschnitt 10.8: Wertschätzung ausdrücken). Hinter der Fassade kann man erkennen: Menschen arbeiten nicht in erster Linie für Geld und immer höheres Einkommen, sie wollen z.B. wertgeschätzt, anerkannt, gesehen werden. Wo viele Bedürfnisse erfüllt werden, wird meist mit echtem Engagement gearbeitet und aus freien Stücken kooperiert. Neben Sicherung der Existenz braucht es dazu Sinn in der Arbeit, Kreativität, Feedback und Resonanz, Anerkennung der Leistung. Auch als Führungskraft geht es Ihnen um mehr als finanzielle Sicherheit, denn auch Freiheit, Flexibilität, Verwirklichung Ihrer Visionen und Pläne, Einfluss nehmen zu können auf unternehmerische Entwicklungen und Erfolge, konstruktives Miteinander, sind möglicherweise Motor Ihres Tuns. Je genauer Sie wissen, welche Bedürfnisse Sie sich mit Ihrem Tun erfüllen, desto größer ist die Motivation. Erst wenn Sie genau erkennen, was Sie brauchen, haben Sie auch Chancen, dies zu erreichen.

Bedürfnisse und Strategien trennen

Kooperation gelingt dann, wenn die Bedürfnisse aller Beteiligten gesehen werden. In unseren Trainings hören wir manchmal den Einwand: „Das geht doch nicht! Die Leute werden schließlich für ihre Arbeit bezahlt!" Meist hängt das damit zusammen, dass Bedürfnisse mit Strategien verwechselt werden. Unter Strategie verstehen wir die Handlung oder Idee, wie wir unsere Bedürfnisse erfüllen wollen. Ein neuer PC ist eine Strategie, wie z.B. die Bedürfnisse nach Effizienz und Leichtigkeit zum Zug kommen können. Wenn wir meinen, diese Anschaffung sei ein Bedürfnis, dann wird es eng und schwierig, darauf einzugehen. Vielleicht ist es aus Kostengründen gerade jetzt nicht möglich. Gelingt es aber zu hören, dass der Mitarbeiter sich Effizienz und Freude an der Arbeit erfüllen möchte, entspannt sich die Situation, weil das etwas ist, was alle Menschen brauchen und es viele Möglichkeiten gibt, diese Bedürfnisse zu erfüllen. Unerfreuliche Auseinandersetzungen finden also meistens auf der Ebene der Strategien statt, wo das Einnehmen bestimmter Standpunkte eine Konfliktlösung erschwert. Wenn wir hinter die Positionen schauen, wird deutlich, dass ein Bedürfnis immer durch mehrere Handlungsstrategien realisiert werden kann.

So erreichen Sie z.B. Autonomie und Selbstbestimmung durch flexible Arbeitszeit, selbstständiges Einteilen der Arbeit, Verfügbarkeit von Budgets oder die Wahl der Wege, wie das Arbeitsergebnis erreicht wird. Ordnung und Klarheit erfüllen sich, wenn Sie von Ihren Mitarbeitenden wissen, wer welche Aufgaben macht, wann die Ergebnisse geliefert werden oder mittels Absprachen, über die jeder informiert ist. Kontakt und Austausch erleben Sie in Kundentelefonaten, Meetings, bei Kongressen, Kollegen- und Mitarbeitergesprächen oder bei der Betriebsfeier. Das Anliegen nach Entlastung kann nicht nur mit Überstunden, sondern auch durch Neuaufteilung, Priorisieren oder Delegieren von Aufgaben erfüllt werden. Auch ein Seminar für Zeitmanagement, Prozessoptimierungen in der Abteilung oder Einstellung von weiterem Personal wären zielgerichtete Handlungsvarianten.

Gelingt es Ihnen, die Bedürfnisse hinter den Positionen zu erforschen, steigen die Chancen zu einer Win-Win-Lösung. Beispiele folgen im Kapitel 10: Gespräche aus der Praxis.

Wichtig: Bedürfnisse sind unabhängig von bestimmten Personen und Objekten. Sie sind universell, und damit das verbindende Element aller Menschen. Darin liegt das Potenzial für Verständigung und Lösungen mit größtmöglicher Zufriedenheit für alle Beteiligten. Dabei ist es oft nicht relevant, dass alle Bedürfnisse auch erfüllt werden, sondern dass die Betroffenen damit gehört und ernst genommen werden.

Bedürfnisse und Anliegen	Umschreibung im Arbeitsumfeld
Autonomie	Arbeit selbst einteilen / Ziele verwirklichen selbst bestimmen / entscheiden können
Stimmigkeit mit sich selbst	Zeit effizient nutzen dass die Arbeit Sinn macht / erfolgreich ist Entwicklung / Fortschritt machen Kreativität einen Beitrag leisten Integrität Authentizität / Glaubwürdigkeit Einfluss nehmen
Kontakt mit anderen	Wertschätzung Anerkennung (der Arbeit) Vertrauen / Offenheit wahrgenommen werden Akzeptanz (der Person) Verständnis Unterstützung Rücksichtnahme Teamgeist / Gemeinschaft Kooperation Respekt Zugehörigkeit
Struktur / Klarheit	Transparenz einbezogen sein Absprachen einhalten Verlässlichkeit Frieden / Harmonie / Kollegialität
Physische Existenz / Wohlbefinden	Balance zwischen Erholung und Aktivität Bewegung Nahrung für Körper und Geist

Werteorientierung ist in der Managementlehre in aller Munde. Gemeinsame Werte helfen, Unternehmen vereint auszurichten und Orientierung zu schaffen. Jedoch teilen nicht alle Menschen die gleichen Werte. Oft werden sie unterschiedlich interpretiert und mit moralischen Konzepten hinterlegt, die nicht alle miteinander teilen. Spricht man z.B. vom Wert „Pünktlichkeit", so versteht ein Teil der Belegschaft darunter, dass ein Meeting zur vereinbarten Zeit beginnt. Für einen anderen Teil – und das zeigt die Sitzungskultur in vielen Unternehmen – bedeutet „Pünktlichkeit" innerhalb der akademischen Viertelstunde zu erscheinen. Auf dieser Ebene lässt sich diskutieren, aber selten motivieren. Fragt man sich hingegen, was sich erfüllt, wenn alle Kolleginnen und Kollegen zur vereinbarten Zeit erscheinen, dann könnten sich die Bedürfnisse nach sinnvollem Nutzen der Zeit, Planbarkeit oder Rücksichtnahme erfüllen. Alle Menschen möchten ihre Lebenszeit gerne sinnvoll nutzen, planen können oder Wertschätzung erfahren. Wenn sie ihre gemeinsamen Bedürfnisse erkennen, steigt die innere Motivation, zusammen eine Lösung zu finden. Auf der Ebene der Werte können wir einander ähnlich sein, doch auf der Ebene der Bedürfnisse sind alle gleich. Das ist auch der Grund, weshalb die WSK ebenso erfolgreich in internationalen Konfliktmediationen eingesetzt wird.

MANAGEMENT SUMMARY

Bedürfnisse sind der Dreh- und Angelpunkt unseres Handelns. Sie erfüllt zu bekommen, trägt zu unserem emotionalen, sozialen und physischen Gleichgewicht bei. Alle Menschen haben die gleichen Bedürfnisse, wenn auch in unterschiedlichen Situationen und zu unterschiedlichen Zeiten. Deshalb sind sie auch ein verbindendes Element in der Kommunikation. Bedürfnisse zeichnen sich unter anderem dadurch aus, dass sie auf unzählige Arten erfüllt werden können. Oft werden Strategien, wie wir Bedürfnisse erfüllen wollen, mit Bedürfnissen verwechselt. Das erkennen Sie daran, wenn Sie eine feste Vorstellung davon haben, wie etwas gemacht werden sollte. Dadurch wird es eng und es wird um Positionen gekämpft. Die Kunst im Gespräch ist, den Fokus von den Strategien auf die Bedürfnisse zu lenken. Damit tun sich neue Handlungsspielräume auf und die Wahrscheinlichkeit, dass Sie eine Win-Win-Lösung finden, steigt.

6.4 Zum Handeln bewegen

Was glauben Sie, ist der häufigste Grund, weshalb wir nicht bekommen, was wir gerne hätten? Wir sagen nicht genau, was wir wollen und hoffen oder erwarten gleichzeitig, dass der andere weiß, was wir uns wünschen. Dass dieses Spiel nicht funktioniert, liegt auf der Hand.

In unserer Beratungspraxis wünschen sich Vorgesetzte häufig von den Mitarbeitenden oder ihren Vorgesetzten mehr Kooperation. Sie möchten gerne wissen, woran sie sind, brauchen Wertschätzung oder wollen sicher sein, dass sie mit ihren Anliegen gehört werden. Auf die Frage hin, an welchem konkreten Verhalten sie das erkennen würden, wird es dann erst einmal still.

Beim vierten Schritt geht es wieder um Fakten. Hier haben Sie die Gelegenheit, Ihr Gegenüber zum Handeln zu bewegen und es um das zu bitten, was Ihren Bedürfnissen näher kommt. Jetzt darf es präzise sein, damit der andere weiß, was er tun kann. Ein konkreter Handlungsvorschlag unterstützt Menschen in ihrem Tun und schafft Klarheit und Orientierung. Er verhindert auch, dass die ersten drei Schritte als Vorwurf beim anderen ankommen. Hat eine Führungsperson zum Beispiel das Bedürfnis nach Kooperation, so könnte eine klare handlungsorientierte Bitte sein: „Können wir jetzt miteinander vereinbaren, dass Sie für den Rest der Woche um 7.00 Uhr da sind und die Frühschicht übernehmen?" Möchte sie hingegen wissen, woran sie mit dem Mitarbeiter ist, so könnte die Bitte lauten: „Sind Sie bereit, mir jeweils bis Freitag um 15.00 Uhr den Wochenbericht abzugeben?" Mit diesen klar formulierten Bitten steigt die Wahrscheinlichkeit, dass Sie als Führungsperson auch bekommen, was Sie wollen. Ihr Gesprächspartner weiß jetzt genau, was er tun kann, um mitzuarbeiten. Oftmals wird eine klare, handlungsorientierte Bitte vom Empfänger auch mit Erleichterung aufgenommen, nach dem Motto: „Wenn es nur das ist … ." Würden wir mit dem dritten Schritt, dem Bedürfnis, aufhören und zum Beispiel sagen: „Ich bin gestresst und brauche Kooperation", dann weiß unser Gegenüber noch nicht, was wir wollen. Es gibt tausend Dinge die getan werden könnten, um das Bedürfnis nach Kooperation zu erfüllen. Vielleicht denkt sich dann das Gegenüber: „Was der wieder alles will – das schaffe ich nie!" Wenn es aber hört, dass es um die Frühschicht für den Rest der Woche geht, dann lässt sich der Schritt überblicken und umsetzen.

„Je klarer wir wissen, was wir vom anderen bekommen möchten,
desto wahrscheinlicher ist es, dass sich unsere Bedürfnisse erfüllen werden."
Marshall Rosenberg

Wir unterscheiden drei Arten von Bitten:

Die Handlungsbitte:

Die Handlungsbitte zeichnet sich dadurch aus, dass sie ein konkretes, jetzt erfüllbares Handeln vorschlägt. Es wird präzise mitgeteilt, welches Verhalten derzeit gewünscht wird. Dazu gehört ein zeitlicher Rahmen, in dem man die Bitte gerne erfüllt hätte:

„Bitte senden Sie mir die Unterlagen bis Montag um 12 Uhr per Mail."

„Bitte sagen Sie mir jetzt, was Sie brauchen, um den Vertrag heute zu erstellen."

„Sind Sie bereit, die Präsentation jetzt mit Frau Weber abzustimmen?"

Beziehungsbitten:

Die Beziehungsbitte kommt dann zum Zug, wenn wir eine Brücke zum Gegenüber schlagen und damit dem anderen die Chance geben wollen, seine Seite zu zeigen. Gerade in emotional geladenen Situationen hilft sie, mit dem anderen im Austausch zu bleiben und beide Seiten gleichermaßen mit einzubeziehen:

„Wie geht es Ihnen damit, wenn Sie das hören?"

„Wie ist es für Sie, wenn Sie das hören?"

Feedbackbitten:

Bei den Feedbackbitten geht es darum, Resonanz vom Gegenüber zu bekommen. Sie haben etwas gesagt oder getan und wollen jetzt wissen, wie das beim Gegenüber angekommen ist. Besonders wenn es brenzlig wird und Sie befürchten, dass Ihr Gegenüber Sie missverstanden haben könnte, können Sie überprüfen, ob Ihre Nachricht auch wirklich so gehört wurde, wie Sie es meinen. Das gibt Ihnen die Möglichkeit, sich noch klarer auszudrücken:

„Sind Sie bereit, mir zu sagen, was Sie jetzt gehört haben?"

„Bitte sagen Sie mir, was jetzt bei Ihnen ankam, damit ich sicher sein kann, dass ich verstanden wurde."

Manchmal kommt es vor, dass Ihr Gegenüber etwas ganz anderes zu hören glaubt als das, was Sie ausdrücken wollten. Sie sagen vielleicht: „Du hast mir für gestern die Teilnehmerliste für den Marketingevent versprochen. Ich habe sie bis jetzt nicht gesehen und bin irritiert, weil mir Zuverlässigkeit wichtig ist" und das Gegenüber sagt: „Ja, ich kann dir sagen, was bei mir angekommen ist: Du findest, auf mich ist kein Verlass – ich sei unzuverlässig!" Wie reagieren Sie auf so etwas? Flüchten Sie nicht in die Rechtfertigung oder Berichtigung „Nein, das habe ich gar nicht gesagt. Du hörst mir mal wieder nicht richtig zu!"? Nehmen Sie einen tiefen Atemzug und bedanken Sie sich beim Gegenüber. Denn es ist auf Ihre Bitte eingegangen und hat Ihnen gesagt, was bei ihm angekommen ist. Nun merken Sie, dass es nicht das ist, was Sie vermitteln wollten. Sagen Sie: „Danke, dass du mir gesagt hast, was bei dir angekommen ist. Es ist nicht das, was ich ausdrücken wollte. Ich möchte es mit anderen Worten nochmals versuchen, o.k.?" Damit halten Sie die Verbindung zum Gegenüber aufrecht und haben eine gute Chance, beim zweiten Anlauf anders gehört zu werden.

Eine weitere Form der Feedbackbitte ist die Anerkennungsbitte
(siehe auch Abschnitt 10.8.3):

„Feedback ist mir wichtig. Sind Sie bereit, mir zu sagen, was Ihnen an meinem Marketingkonzept gefällt?"

Wie bereits erwähnt, erfüllt sich im beruflichen Alltag das Bedürfnis nach Wertschätzung manchmal nicht. Auf die Dauer ist das sehr frustrierend, denn wir alle wollen wissen, inwieweit unser Handeln zum Erfolg beiträgt. Mit dieser Art der Feedbackbitte holen Sie sich auf eine sachliche Art und Weise die Information, die Sie brauchen. Sie macht es auch einfacher, für das Bedürfnis nach Wertschätzung einzustehen. Würden Sie Ihrem Gegenüber sagen: „Ich habe das Bedürfnis nach Wertschätzung" – wahrscheinlich wäre Ihnen das eher unangenehm? Eine innere Stimme würde vielleicht flüstern: „Das kannst du doch nicht machen, das ist doch ‚fishing for compliments'! Wie peinlich, was denkt wohl mein Gegenüber!" Mit einer klaren Bitte übernehmen Sie die Verantwortung für Ihr Bedürfnis nach Feedback. Sie bringen dieses auf eine sachliche, erfüllbare Ebene. Damit sorgen Sie selber dafür, das zu bekommen, was Sie brauchen, anstatt den Zustand zu beklagen.

MANAGEMENT SUMMARY

Mit dem vierten Schritt der positiven Handlungssprache putten Sie sozusagen den Ball ein. Sie nutzen die Gelegenheit, Ihr Gegenüber um das zu bitten, was Ihre Bedürfnisse erfüllt. Mit dem konkreten Handlungsvorschlag schaffen Sie Orientierung. Ihr Gegenüber weiß jetzt klar und deutlich, was es tun kann, um zu Ihrem Wohlergehen beizutragen. Je nachdem, wie viel Spannung noch in der Luft liegt, ist es noch zu früh für eine Handlungsbitte. Mit einer Beziehungsbitte schlagen Sie die Brücke zum Gegenüber. Mit der Feedbackbitte finden Sie heraus, was der andere gerade von Ihnen wahrgenommen hat. Dies beugt Missverständnissen vor und bringt Klarheit ins Gespräch. Mit einer klaren Bitte bewegen Sie zum Handeln.

„Günstige Winde kann nur der nutzen, der weiß wohin er will."
Oscar Wilde

6.4.1 Motivationsräder

In der wertschätzenden Kommunikation wird auf die klare Unterscheidung zwischen Bitte und Forderung geachtet. Eine Bitte wird daran deutlich, dass das Gegenüber die Wahl hat, auch nein zu sagen. Das mag im Business teilweise anders praktiziert werden, besonders wenn es um Arbeitsaufträge an Mitarbeitende geht. Natürlich gibt es einen Arbeitsvertrag, der erfüllt werden will und dennoch wächst die Leistungsbereitschaft, wenn der andere darauf vertrauen kann, dass auch seine Meinung zählt. Tatsächlich steigt die Qualität der Arbeit, wenn aus freien Stücken und mit Eigenengagement gearbeitet wird, statt aus reiner Pflichterfüllung. Zögern oder Widerstand beim anderen laden ein, seine Beweggründe zu verstehen. Danach können Sie die Chancen zum neuen Anlauf nutzen, um sich beharrlich für die eigenen Anliegen einzusetzen.

Motivationsräder

Forderung

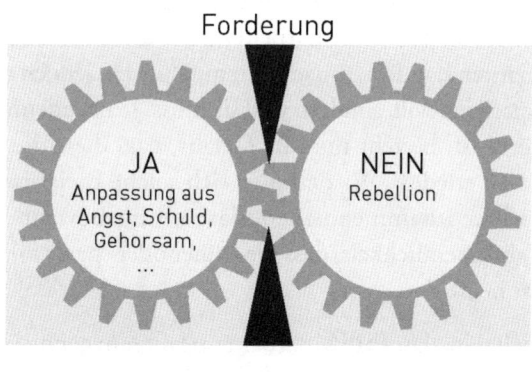

Bitte

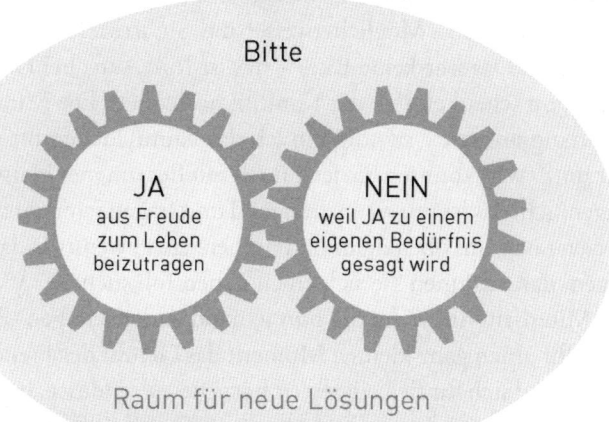

Zu bitten oder zu fordern hat unterschiedliche Auswirkungen auf die menschliche Motivation. Lassen Sie sich mit uns auf das folgende Szenario ein, um zu entdecken, wie sich das auf die Beziehung auswirkt:

Innere Haltung bei einer Forderung

Sie bitten Ihre Mitarbeiterin, für die bevorstehende Kundenveranstaltung eine geeignete Lokalität zu finden. Es eilt, deshalb stellen Sie eine Forderung: „Bitte erstellen Sie bis heute Abend eine Liste mit möglichen Lokalitäten für unsere Veranstaltung zusammen." Obwohl das Wort „bitte" im Satz enthalten ist, wissen Sie innerlich, dass Sie kein Nein akzeptieren. Es ist bereits beschlossene Sache, die Mitarbeiterin muss es tun. Wenn Sie Glück haben, dann macht die Mitarbeiterin vielleicht was Sie wollen. Es gibt viele Gründe das zu tun: Vielleicht hat sie Angst vor den Konsequenzen, falls Sie nicht tut, was Sie wollen. Vielleicht tut sie es auch, weil sie eine „gute" Mitarbeiterin sein will und sich danach Lob und Anerkennung erhofft oder nicht schuld sein möchte, wenn etwas schief läuft. Möglicherweise handelt sie auch aus Gehorsam, das heißt, sie schaltet ihr Gehirn ab und tut einfach, was Sie wollen – egal ob es Sinn macht oder nicht. Möchten Sie, dass die Mitarbeiterin aus diesen Gründen tut, was Sie wollen? Bei allen Varianten handelt sie nach Ihrem Wunsch, jedoch nicht aus freien Stücken, weil sie kooperieren will, sondern weil sie muss. Je nachdem, wie Ihre Beziehung zu der Mitarbeiterin ist, besteht nun die Gefahr, dass diese die Arbeit mit inneren Grollen und Murren erledigt. Wiederholen sich solche Ereignisse, kann sich bei ihr innerlich ein Gewitter zusammenbrauen, das sich irgendwann unerwartet entlädt. Das heißt, die Wahrscheinlichkeit, dass Sie früher oder später für Ihre Forderung bezahlen müssen, ist hoch.

Es könnte aber auch sein, dass Ihre Mitarbeiterin langsam genug von Forderungen hat und sich entscheidet, zu rebellieren. Sie sagt: „Keine Zeit! Fragen Sie doch einen anderen. Warum immer ich?" Möglicherweise sind Sie irritiert, verstehen die Reaktion nicht und sagen: „Das war keine Bitte – das ist Ihre Aufgabe! Dafür werden Sie bezahlt!" und schon schaukelt sich der Konflikt nach oben. Die Mitarbeiterin erwidert: „Ich habe es langsam satt – ständig bin ich das Laufmädchen für alle. Da mache ich nicht mehr mit!" Was könnten Sie jetzt noch mit der inneren Haltung der Forderung tun? Sie sagen sich, das ist mir zu anstrengend und fragen jemanden anderen um Hilfe oder Sie setzen noch eins oben drauf und drohen: „Also wenn Sie das nicht augenblicklich erledigen, dann können Sie sich einen neuen Job suchen." Was glauben Sie, wie geht es der Mitarbeiterin, wenn Sie nun jemand anderes fragen. Freut sie sich? Vielleicht hat sie für einen ganz kleinen Moment das Gefühl der Freude, weil sie endlich einmal gesiegt und sich für sich eingesetzt hat. Diese Freude ist aber von kurzer Dauer: ein schlechtes Gewissen und die Angst vor Konsequenzen wird bald überhand nehmen. Vielleicht gewinnen Sie aber mit Ihrer Drohung und die Mitarbeiterin tut nun, was Sie wollen. Und was sagen Sie jetzt? „Na also, geht doch! Warum nicht gleich so!" Freuen Sie sich in diesem Augenblick noch, dass die Mitarbeiterin das tut, was Sie wollen? Wohl kaum. Fazit: Egal ob Sie oder die Mitarbeiterin dieses Machtspiel gewinnen – die Freude zu kooperieren und zum Gelingen beizutragen geht bei beiden Varianten verloren. Sie bewegen sich damit in einem System, bei dem die inneren Antriebsräder der Motivation ausgebremst werden. Die Forderung ist wie ein Keil im Getriebe, der das natürliche Bedürfnis der Menschen, zum Wohl anderer beizutragen, aushebelt. Dass sich das unvorteilhaft auf die Arbeitsbeziehung auswirkt, liegt auf der Hand.

Dabei zeigt sich, dass wir in der Rebellion nur vermeintlich frei sind. Wir meinen, aus freien Stücken zu entscheiden. Tatsächlich müssen wir aber in der Rebellion das Gegenteil von dem machen, was das Gegenüber von uns will. Unser Handeln ist also immer noch abhängig von dem, was andere sagen oder tun. Frei entscheiden können wir dann, wenn wir uns klar darüber sind, welche Bedürfnisse wir uns mit unserem Handeln erfüllen und auch danach handeln können.

Innere Haltung bei einer Bitte

Hier tragen wir dazu bei, dass Menschen die Verantwortung für ihre Bedürfnisse übernehmen und entweder aus freien Stücken „ja" oder im Einklang mit ihren Bedürfnissen „nein" sagen. Nehmen wir an, Sie haben also eine Bitte formuliert und die Mitarbeiterin sieht, welches Bedürfnis sie durch ein „Ja" erfüllt. Nun überprüft sie innerlich, ob ein eigenes Bedürfnis im Weg steht, um auf Ihre Bitte einzugehen. Falls nicht, willigt sie aus freien Stücken ein und macht die gewünschte Arbeit für sie. Möglicherweise denkt Sie aber in dem Moment auch noch an die drei anderen Aufträge, die sie bis heute zu erledigen hat. Sie ist besorgt, weil ihr Zuverlässigkeit wichtig ist. Was Sie dann von ihr zu hören bekommen ist: „Nein, tut mir leid, bis heute Abend, das liegt beim besten Willen nicht mehr drin." In diesem Moment sagt sie zwar Nein zu Ihrer Bitte, aber gleichzeitig auch Ja zu ihrem Bedürfnis nach Zuverlässigkeit. Damit übernimmt Sie Verantwortung für ihr Handeln und sorgt für ihre Bedürfnisse.

Neue Handlungswege finden, die beide Anliegen berücksichtigen

Vielleicht fragen Sie sich jetzt: „Was habe ich davon, wenn sie für sich sorgt und meine Arbeit auf der Strecke bleibt?" Wenn Sie davon ausgehen, dass Ihre Mitarbeiterin sich mit dem Nein ein eigenes Bedürfnis erfüllt und Sie im Gespräch herausfinden, um welches Bedürfnis es sich handelt, dann haben Sie eine gute Basis für eine Win-Win-Lösung geschaffen: Sie haben das Bedürfnis nach Unterstützung, Ihre Mitarbeiterin braucht Zuverlässigkeit. Ihre Lieblingsstrategie zur Erfüllung Ihres Bedürfnisses nach Unterstützung ist, dass die Mitarbeiterin bis heute Abend eine Liste mit Kurslokalitäten zusammenstellt. Der bevorzugte Weg Ihrer Mitarbeiterin zur Erfüllung ihres Bedürfnisses nach Zuverlässigkeit ist, dass sie Nein zu Ihrem Auftrag sagt und sich den anderen Aufträgen widmet. Jetzt ist Ihre Kreativität gefragt. Gibt es andere Strategien, die beide Bedürfnisse zum Zug kommen lassen? Eventuell gibt es die Möglichkeit, die Prioritäten der Aufgaben nochmals zu überprüfen oder die Mitarbeiterin kann eine kleinere Aufgabe übernehmen, die zeitlich noch drin liegt. Oder gibt es die Variante, die Arbeit an jemand anderes zu delegieren? Sie sehen, jetzt gehen die Handlungsspielräume wieder auf. Wenn die Mitarbeiterin nicht für ihr „Nein" verurteilt wird, ist die Wahrscheinlichkeit, dass sie mit Ihnen nach Lösungen sucht, sehr groß. Die Beziehung zwischen Ihnen und Ihrer Mitarbeiterin wird durch diesen Prozess gestärkt und sie lernt, dass sie bei Ihnen auch Nein sagen darf. Dafür können Sie sich hundertprozentig darauf verlassen, dass sie, falls sie Ja sagt, auch Ja meint. Damit wissen Sie, woran Sie sind und können sich auf die Vereinbarung verlassen. Die inneren Motivationsräder werden geölt und das bestärkt den Spaß an der Arbeit und die Bereitschaft, Leistung zu erbringen.

Fazit: Bei einer Forderung geht die innere Motivation und Freude, zu einer Lösung beizutragen, verloren. Entweder es wird aus Angst, Schuld, Scham oder Gehorsam gemacht, was Sie wollen, oder Sie ernten Widerstand. Bei beiden Varianten leidet die Beziehung darunter und Sie müssen damit rechnen, dass Sie irgendwann dafür bezahlen. Bei der Bitte vertrauen Sie darauf, dass die Menschen gerne bereit sind, gemeinsam mit Ihnen nach Lösungen zu suchen, wenn sie für ihr Nein nicht verurteilt werden. Sie geben dem Gegenüber damit die Möglichkeit, aus freien Stücken zu kooperieren.

> „Falls Sie kein Offizier sind, ist eine Bitte immer wirksamer als ein Befehl."
> *Napoleon Hill*

MANAGEMENT SUMMARY

Im Führungsalltag wandern Sie oftmals auf dem Grat zwischen Bitte und Forderung. Bei einer Forderung nehmen Sie dem Gegenüber die Chance, aus freien Stücken zu kooperieren und mit vollem Engagement hinter der Arbeit zu stehen. Jegliche Freude, engagiert zu arbeiten, geht dabei verloren. Bei einer Bitte verurteilen Sie Ihr Gegenüber nicht, wenn Sie ein „Nein" hören. Sie gehen davon aus, dass dieses „Nein" ein „Ja" für die eigenen Bedürfnisse bedeutet und vertrauen darauf, dass der andere mit guten Absichten handelt. Wenn Sie Ihr Gegenüber mit seinen Bedürfnissen hören, dann motiviert ihn das, zu neuen gemeinsamen Lösungen beizutragen (siehe auch Abschnitt 11.1.1).

6.5 Kurz und prägnant ins Gespräch starten

Herr Löber plant eine große Werbekampagne und wartet auf eine Lieferantenzusage seiner Druckerei. Er braucht die neuen Prospekte bis spätestens Donnerstag. Heute ist Montag und er hat noch keine Bestätigung seiner Lieferantin erhalten. Die nachfolgende Tabelle zeigt zwei verschiedene Möglichkeiten auf, wie er ins Gespräch einsteigen kann. Links in der Spalte sehen Sie, wie versucht wird, mit Dominanzstrategien den Lieferanten zur zeitnahen Lieferung zu bringen. Rechts sehen Sie, wie Herr Löber mit den vier Schritten eine Verbindung zum Lieferanten aufbaut, ohne Rechtfertigung oder Schuldzuweisung zu riskieren.

Trennende Sprache		Verbindende Sprache
Inhalt	*Schritt*	*Inhalt*
Beobachtung, vermischt mit Bewertung *„Ich warte jetzt schon seit Tagen auf Ihre Lieferzusage.*		**1. Beobachtung** Was genau ist geschehen? Auf was beziehen Sie sich im Gespräch? *„Frau Frentzen, ich habe bei Ihnen Werbeprospekte mit Liefertermin nächsten Donnerstag bestellt. Ich habe bis heute keine Bestätigung erhalten.*
Befinden, vermischt mit Gedanken, Analysen, Annahmen, Interpretationen, Schlussfolgerungen ... *Scheinbar liegt Ihnen nicht sehr viel an unserem Auftrag, sonst hätten Sie uns wenigstens Bescheid gesagt.*		**2. Befinden** Wie ist Ihr Befinden, wenn Sie das sehen? *Ich bin irritiert ...*
Schuldzuweisung, Urteil, kein Bedürfnis benannt *Wenn das so unzuverlässig läuft, ...*		**3. Bedürfnis** Welches Bedürfnis kommt im Moment zu kurz und möchte gerne erfüllt werden? *... und brauche Klarheit.*

Trennende Sprache		Verbindende Sprache
Sanktionen ankündigen *... müssen wir uns nach anderen Anbietern umschauen."*		**4. Bitte** Welche konkrete Bitte haben Sie an Ihr Gegenüber? Was wollen Sie jetzt konkret tun, um Ihr Bedürfnis zu erfüllen? *Bitte sagen Sie mir jetzt, ob das mit der Lieferung bis Donnerstag klappt."*

Achten Sie bei den vier Schritten darauf, dass Sie bei etwa 40 Worten bleiben. Damit erhöhen Sie die Wahrscheinlichkeit, dass Ihnen bis zum Ende zugehört wird und das Gegenüber die Aussage aufnehmen kann. Wir neigen dazu, mehr Worte zu gebrauchen und das birgt die Gefahr, dass unser Gegenüber geistig aussteigt und die Informationen gar nicht mehr alle erfassen kann.

MANAGEMENT SUMMARY

Fassen Sie sich kurz, wenn Sie Störungen ansprechen. Wenn Sie weniger als 40 Worte verwenden, steigen die Chancen, dass Sie gehört und verstanden werden.

6.6 Gesprächsführung auf Augenhöhe

Sind Ihre nächsten Überlegungen jetzt vielleicht: „Was mache ich, wenn der Lieferant z.B. sagt: „Tut mir leid – ich kann nicht liefern – wir haben im Moment einen Engpass!" oder wenn er sonst etwas sagt, was ich nicht hören möchte? Dann nutzt diese Art der Kommunikation ja auch nichts!" Dieser Moment im Gespräch braucht erst einmal einen tiefen Atemzug. Denn die Lieblingsvariante, wie ein Bedürfnis erfüllt werden soll, geht vorerst bachab. Auch die Einstellung „Ich bin doch der Kunde" trägt nicht zur Verständigung auf Augenhöhe bei. Zum Glück ist das Gespräch mit dem aufrichtigen Einstieg in vier Schritten noch nicht beendet – im Gegenteil, es ist erst eröffnet und der Beginn eines Dialogs.

Die folgende Grafik zeigt das Vier-Schritte-Modell im Dialog. In der Wertschätzenden Kommunikation lenken wir unsere Aufmerksamkeit jeweils auf zwei unterschiedliche Schauplätze. Einmal ist der Schauplatz beim ICH. Hier machen wir dem Gegenüber transparent, wie unsere Welt im Moment aussieht und was uns bewegt. Der zweite Schauplatz ist das DU. Dort finden wir heraus, wie die Welt des Gegenübers aussieht und hören, was den anderen bewegt. Im Dialog wechseln wir dann zwischen Einfühlung nach innen und aufrichtigem Mitteilen (ICH) und einfühlendem Hören (DU). Dieser Prozess wird mehrmals wiederholt, bis gemeinsam Lösungen gefunden werden, mit denen beide Seiten zufrieden sind. Symbolisch dafür ist auch die liegende Acht mit den kleinen Sensoren, die fließend zwischen dem ICH zum Du hin und her führt. Gehen die Sensoren nach innen, steht das für Einfühlung nach innen, sprich: „Wie sieht meine Welt aus?" Dann wechseln die Sensoren automatisch auf die Außenseite, was für die Einfühlung fürs Gegenüber steht. Hier ist dann die Frage: „Wie sieht deine Welt aus?" Wie das in unserem Beispiel von Herrn Löber und Frau Frentzen aussehen könnte, lesen Sie hier:

Dialog zwischen Herrn Löber und Frau Frentzen:

Wer spricht?	ICH Ich zeige Ihnen meine Welt	DU Ich entdecke Ihre Welt
Herr Löber	*„Frau Frentzen, ich habe bei Ihnen Werbeprospekte mit Liefertermin nächsten Donnerstag bestellt. Ich habe bis heute keine Bestätigung erhalten. Ich bin irritiert und brauche Klarheit. Bitte sagen Sie mir jetzt, ob das mit der Lieferung bis Donnerstag klappt."*	
Frau Frentzen		„Nein, tut mir leid, das schaffen wir nicht! Wir haben zurzeit einen personellen Engpass – das geht beim besten Willen nicht."
Herr Löber		*„Sie sprechen von einem personellen Engpass. Sind Sie unter Druck und brauchen selbst erst einmal Klarheit, wie das jetzt alles zu schaffen ist?"*

Wer spricht?	ICH Ich zeige Ihnen meine Welt	DU Ich entdecke Ihre Welt
Frau Frentzen		„Ja, uns sind gleich zwei Personen wegen eines Skiunfalls und Krankheit ausgefallen. Damit haben wir nicht gerechnet."
Herr Löber	*„Das beunruhigt mich sehr. Es geht bei dieser Kampagne um eine Menge Geld und da brauche ich Verlässlichkeit. Wie ist das für Sie, wenn Sie das hören?"*	
Frau Frentzen	„Ja, ich verstehe, dass Sie sich da Verlässlichkeit wünschen ...	Durch den Ausfall der beiden Mitarbeiter werde ich die Prospekte erst am Mittwoch drucken können und dann braucht es noch etwas Zeit, bis diese getrocknet sind. Damit können wir sie nicht mehr mit der üblichen Lieferung am Mittwoch raus senden. Sie hätten die Prospekte also frühestens am Freitag."
Herr Löber		*„Heißt das konkret, dass Sie die Prospekte grundsätzlich am Donnerstag Vormittag bereit hätten?"*
Frau Frentzen		„Ja, das heißt das."
Herr Löber	*„Das erleichtert mich jetzt zu hören, weil es mir Klarheit gibt, wie wir das Problem lösen können. Sind Sie bereit, die Lieferung am Donnerstag Vormittag ohne Zusatzkosten per Kurier zu senden, so dass ich die Lieferung bis spätestens 11.00 Uhr habe?"*	
Frau Frentzen		„Ja, Herr Löber. Es liegt mir viel an unserer Kundenverbindung und dass Sie auf unsere Absprachen vertrauen können. Ich bin froh, dass wir die Sache so lösen können. Vielen Dank. Ich werde das mit dem Kurier gleich regeln."
Herr Löber	*„Damit bin ich zufrieden, Frau Frentzen. Danke für die Kooperation."*	

In diesem Beispiel hat Herr Löber das Gespräch bewusst zwischen dem ICH und DU hin und her geführt. Die Situation aufrichtig anzusprechen, war lediglich der Einstieg ins Gespräch. Man könnte das auch mit einem ersten Schritt in einem gemeinsamen Tanz vergleichen. In einem zweiten Schritt wird auf die Reaktion des Gegenübers geschaut und so tanzt man gemeinsam so lange, bis die Bedürfnisse beider Seiten auf dem Tisch liegen. Danach ist es nur noch ein kleiner Schritt hin zu den Lösungen. Anstatt zu fragen „Wer ist schuld?" oder „Wer hat Recht?", konzentrieren wir uns im Gespräch darauf, beide Welten zu entdecken und zu verstehen. In unserem Beispiel hatte das zur Folge, dass Frau Frentzen nicht in eine Abwehrhaltung gekommen ist und gleichzeitig wertvolle, zusätzliche Informationen geliefert hat, die letztlich zur Lösung geführt haben.

Damit Sie sich sicher auf dem Tanzparkett der Kommunikation bewegen können, braucht es etwas Training. Doch dafür gewinnen Sie mit der Zeit mehr Leichtigkeit in schwierigen Gesprächen. In den folgenden Kapiteln können Sie sich auf herausfordernde Gespräche vorbereiten und im Kapitel 10 „Gespräche aus der Praxis" finden Sie Beispiele, wie Sie die Wertschätzende Kommunikation in Ihren Alltag integrieren können.

MANAGEMENT SUMMARY

Indem Sie eine Störung aufrichtig ansprechen, eröffnen Sie einen Gesprächsdialog. Dann geht es wechselweise darum, die verschiedenen Welten der Gesprächspartner zu entdecken. Ein wertschätzendes Erkunden beider Seiten fördert eine kooperative Gesprächsatmosphäre.

7. Verhandlungen in eigener Sache: die Vorbereitung

Für die meisten Alltagsgespräche reicht es, wenn Sie die vier Schritte als Orientierung im Hinterkopf behalten. Wenn die Beziehung funktioniert, dann genügt es sogar, sich nur auf der Ebene der Strategien und Bitten zu verständigen. Sinnvoll wird eine gründliche Vorbereitung dann, wenn sich bei dem Gedanken an ein Gespräch Unbehagen breit macht oder Klärungen vor sich hergeschoben werden. Dann lohnt sich genaueres Hinschauen, um den Dialog mit Klarheit und mehr Leichtigkeit zu starten.

Eine Führungskraft erzählte uns im Training, dass sie vor dem Ansprechen unangenehmer Kritik oder Störungen mindestens eine Nacht darüber schlafen würde. Das würde den größten Ärger erst einmal rausnehmen, um dann mit Abstand besonnener an die Sache zu gehen. Durchatmen und Distanz gewinnen ist sicherlich förderlich, um im Kontakt offen zu bleiben, wenn es einmal schwierig wird. Zusätzlich finden Sie mit dem Modell der vier Schritte einen klaren und übersichtlichen Rahmen, um das Wesentliche im Auge zu behalten. Entscheidend dabei ist zu wissen, dass unsere Mitmenschen die Ausgangssituation durch ihre eigene Brille betrachten und meist noch andere Aspekte im Blickfeld haben, als wir zunächst vermuten.

7.1 Der rote Faden für effiziente Gespräche

Auf den folgenden Seiten zeigen wir, wie Sie sich optimal auf ein Gespräch vorbereiten können. Dies zuerst anhand eines Beispiels aus unserer Coachingpraxis und anschliessend haben Sie im Abschnitt 7.2 die Möglichkeit, ein eigenes Gespräch mit Hilfe von reflektierenden Fragen vorzubereiten.

Fallbeispiel

Stellen Sie sich vor, Sie sind Leiter oder Leiterin des Innendienstes (ID). Der Verkaufsleiter, Herr Ackermann, beschwert sich bei Ihnen über Ihren Mitarbeiter Herrn Schuster. Durch sein bürokratisches Verhalten sei der Kunde von einem Kreditangebot zurückgetreten. Der Verkaufsleiter gilt als einer der umsatzstärksten im Unternehmen und jeder in der Firma weiß, dass er mit Fingerspitzengefühl zu behandeln ist. Jetzt sind Sie in Habachtstellung und würden am liebsten Ihrem Impuls folgen, Ihren Mitarbeiter sofort zur Rede zu stellen. Gleichzeitig wissen Sie, dass diese spontane Reaktion weder Ihre Beziehung noch die Bereitschaft zur Kooperation verbessern würde.

7.1.1 Den eigenen Standort bestimmen

Entscheidend für einen positiven Gesprächsverlauf ist, dass Sie sich innerlich klar werden, um was es Ihnen geht. Wir haben dafür das Bild des Empathie-Akkus entwickelt. Im wertenden Denken über andere sind Sie im wahrsten Sinne des Wortes außer sich. Durch Urteile und Bewertungen aus der Haltung heraus, was Ihnen alles fehlt, verlieren Sie an Stabilität und Bodenhaftung. Ohne Kontakt zu Ihren Bedürfnissen und Klarheit darüber, was Sie brauchen, ist Ihr innerer Akku leer. Dass Sie dann keine Einfühlung für andere aufbringen können, liegt auf der Hand. Haben Sie sich genügend Zeit zum Durchatmen und zur Selbstklärung genommen, dann sind Sie innerlich bei sich, fühlen sich sicher und sind nicht mehr so leicht aus dem Gleichgewicht zu bringen. Je genauer Sie Ihren persönlichen Standort bestimmen und mit Ihren Bedürfnissen und damit mit Ihren Ressourcen in Kontakt gekommen sind, desto größer wird die Aussicht, dass Ihre Gelassenheit auf den anderen überläuft. Ein anderes Bild, das die Idee des Empathie-Akkus veranschaulicht, ist die Sauerstoffmaske aus dem Flugzeug: Bei den Sicherheitshinweisen heißt es dort auch, man solle sich im Notfall erst selbst die Sauerstoffmaske anlegen, bevor man anderen zur Hand geht. Das gilt auch in emotional geladenen Situationen, sonst geht einem schnell die Luft aus und man reagiert im Affekt auf eine Art und Weise, die einem im Nachhinein vielleicht leidtut.

So lange unser eigener Empathie-Akku nicht aufgeladen ist, können wir kaum präsent sein und auch für andere keine echte Einfühlung entwickeln. Sind wir innerlich angefüllt oder ist der Empathie-Akku sogar am „überquellen", wird sich das spürbar, sogar nonverbal, auf die Beziehungsebene auswirken.

In unserem Fallbeispiel nimmt sich die Führungskraft einen Moment Zeit um sich anhand der vier Schritte Klarheit über die Situation und das eigene Erleben zu verschaffen:

	ICH (Selbstklärung) *Die Welt / Landkarte wie ich sie in meinen Schuhen erlebe*
Beobachtung:	Was kann ich sehen / hören, ohne zu bewerten? *Der Verkaufsleiter sagte mir, dass Mitarbeiter Schuster den Kunden um Unterlagen bat, die dieser nicht beschaffen will. Weil ihm das zu umständlich ist, will er kein Angebot mehr von uns. Der Verkäufer kündigt an, unser „kundenschädigendes Verhalten" in der nächsten Direktionsrunde anzusprechen.*
Befinden:	Welches Befinden löst diese Beobachtung bei mir aus? *Ich bin ärgerlich und alarmiert ...*
Bedürfnis:	Welches Bedürfnis kommt bei mir zu kurz und möchte gerne erfüllt werden? *... weil mir daran liegt, dass der Service funktioniert, auch dass Handlungsspielräume genutzt werden und ich meinen Mitarbeitenden vertrauen kann. Und dass mein Bestreben, dem Verkauf stets Unterstützung zu geben, gewürdigt wird.*
Bitte:	Worum möchte ich die andere Person jetzt bitten? *Ich bitte Herrn Schuster, mir jetzt die Beratung aus seiner Sicht zu schildern.*

Wie kann es nun praktisch gelingen, den inneren Empathie-Akku aufzuladen? Von unseren Teilnehmenden hören wir oft als erste Reaktion: „Woher soll ich in meinem vollgepackten Alltag auch noch die Zeit nehmen, hinter die Fassaden zu schauen?" Wenn dann im weiteren Training deutlich wird, welchen Beziehungsschaden Worte anrichten können, die sich unter starkem emotionalen Druck entladen, wird deutlich: Die meisten Betroffenen wünschten sich, sie hätten sich vor der Reaktion die Zeit zur Selbstklärung genommen. Aus dieser Erkenntnis heraus eröffnen sich kreative Handlungsideen. Vom Quick-Sport im Treppenhaus, Joggen in der Mittagspause, der Tramfahrt nach Feierabend bis zur Empathie vom nahe stehenden Kollegen wurden uns bewährte Erfahrungen berichtet. Lassen Sie sich überraschen, welche büro- und familienverträglichen Ideen Ihnen dazu noch einfallen.

MANAGEMENT SUMMARY

Jeder Mensch hat bemerkenswerte Ressourcen und Fähigkeiten, die uns erfahrbar werden, wenn wir durch Einfühlung mit ihnen in Kontakt kommen. Schalten Sie in stürmischen Situationen einen Gang zurück und achten Sie dabei besonders auf innere (Vor-)Urteile und Bewertungen, die Ihnen den Kontakt zu sich selbst und zum anderen erschweren. Sie sind wertvolle Hinweise auf Energie-Lecks und zu kurz gekommene Bedürfnisse. Gönnen Sie sich, diese ausführlich innerlich zu benennen, um sich zu erleichtern und mehr Klarheit über Ihre Anliegen zu gewinnen. Damit laden Sie Ihren Akku wieder mit produktiver Lebensenergie auf und können anschließend neue realisierbare Bitten formulieren.

7.1.2 Die Perspektive wechseln

Bevor Sie ins Gespräch gehen und auf ein Ereignis reagieren, empfehlen wir Ihnen einen Blick über den Gartenzaun zu werfen. Wie sieht die Welt des Gegenübers aus? Wie sieht die Welt aus den Schuhen des anderen aus? Sind Sie dabei wohlwollend und unterstellen Sie Ihrem Gegenüber, dass es nicht aus böser Absicht, sondern aus der Motivation, seine eigenen Bedürfnisse zu erfüllen handelt?

	DU *Die Welt / Landkarte, wie ich sie in den Schuhen des anderen vermute und erlebe*
Beobachtung:	Wie könnte die andere Person die Situation möglicherweise sehen / hören? *Wir haben neue Richtlinien für die Kreditvergabe. Da der Verkaufsleiter längere Zeit abwesend war, hat Herr Schuster den Kunden direkt um die fehlenden Unterlagen gebeten und ihm erklärt, wozu wir das brauchen.*
Befinden:	Wie könnte es der anderen Person aufgrund ihrer Beobachtung jetzt gehen? *Er könnte zerrissen und frustriert sein ...*
Bedürfnis:	Welches Bedürfnis könnte die andere Person jetzt haben? *... weil er vermutlich einen guten Job machen will, effizient arbeiten möchte und Geschäftserfolg und Sicherheit im Auge behalten will und weil er braucht, dass sein Bemühen darum gesehen wird.*
Bitte:	Welche Bitte könnte die andere Person jetzt haben? *Er möchte möglicherweise von seiner Chefin hören, wie sie zu ihm in dieser Sache steht.*

Check nach dem Perspektivenwechsel:

···⟩ Was hat sich innerlich verändert?

···⟩ Was nehmen Sie davon mit ins Gespräch?

„Um klar zu sehen, genügt oft ein Wechsel der Blickrichtung.“
Antoine de Saint-Exupéry

7.1.3 Vorbehalte klären

Hat Ihnen der vorhergehende Perspektivenwechsel noch nicht die nötige Erleichterung gebracht, um frei ins Gespräch zu gehen? Spüren Sie starke innere Widerstände, die Person anzusprechen, vielleicht auch Vorurteile, die den Kontakt momentan belasten?

Das Kopfkino produktiv nutzen

Seien Sie ehrlich zu sich selbst und wachsam für die inneren (Vor-)Urteile, die Sie gegenüber dieser Person haben. Die inneren Gedanken und Urteile nennen wir auch Kopfkino, denn sie sind wie ein Film, den man sich immer wieder von neuem anschaut. Leider handelt es sich dabei oft um Horrorfilme, die unsere Feindbilder noch verschärfen. Hinter den (Vor-)Urteilen verbergen sich jedoch unerfüllte Bedürfnisse. Durch die Übersetzung der Bewertungen erkennen Sie die dahinterstehenden Anliegen. Damit können Sie der Dynamik eine produktive Richtung geben. Solange Bewertungen verdrängt werden, binden sie wertvolle Schaffensenergie. Das passiert auch, wenn sich Urteile ansammeln und zementieren. Nutzen Sie die Chance, sprechen Sie Ihre Urteile innerlich aus und finden Sie die Bedürfnisse, die dahinterliegen. Vielleicht spüren Sie noch gewisse Hemmungen, jenseits der Höflichkeit den „Monster-Gedanken" freien Lauf zu lassen. Dieser Film springt jedoch automatisch an und als Zuschauer Ihres eigenen Kopfkinos können Sie wählen, Ihre Bilder und Gedanken in Bedürfnisse zu übersetzen (siehe auch Abschnitt 10.4 zum Umgang mit Ärger). Das entlastet und macht es Ihnen leichter, wieder ins Gespräch zu gehen.

Wie könnten in unserem Beispiel Ihre Vorurteile gegen den Mitarbeiter sein? Welche Bedürfnisse stecken dahinter?

(Vor-)Urteile	Unerfüllte Bedürfnisse
„So ein Bedenkenträger! Der müsste doch mal über seinen Schatten springen können."	Verlässlichkeit, Rücksichtnahme, eigene Handlungsräume nutzen
„Und das ist nicht das erste Mal, dass mir das mit ihm passiert."	Fortschritt, Vorwärtskommen, Entwicklung, Funktionsfähigkeit der Abteilung
„Wie stehe ich jetzt da wegen ihm? Wenn das Thema jetzt auch noch in die obere Führungsrunde getragen wird – das ist doch rufschädigend für mich!"	Akzeptanz, Wertschätzung, Respekt, Glaubwürdigkeit
„Ich tue hier alles, damit das Verhältnis von Verkauf und Innendienst besser wird und dann so eine Panne."	Wahrnehmung meines Beitrags, Integrität
„Der weiß doch ganz genau, dass auch wir an den Zahlen gemessen werden."	Klarheit, Gemeinschaftlichkeit, dass alle an einem Strang ziehen, Vertrauen

Wenn Sie die Fülle der Bedürfnisse sehen, fragen Sie sich, welche davon die ein bis zwei wichtigsten für Sie sind. Für welche möchten Sie sich wirklich einsetzen? Dieses Auswahlverfahren bringt in der Regel nochmals mehr Klarheit und damit innere Stabilität. In unserem Fall sind es folgende Bedürfnisse: Zuverlässigkeit, dass Handlungsspielräume genutzt werden und dass das Bestreben, den Verkauf zu unterstützen, auch gewürdigt wird.

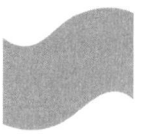 Nach dieser Selbstempathie-Runde: Spüren Sie als Leiterin oder Leiter Innendienst jetzt eine innere Veränderung? Und wie wirkt sich das auf Ihr Befinden aus? Wie ist nun Ihre Bereitschaft, auf den anderen zuzugehen? Sind Ihnen neue Anliegen bewusst geworden, die Sie jetzt benennen möchten?

MANAGEMENT SUMMARY

Nehmen Sie sich in hitzigen Situationen eine Auszeit. Bevor Sie ins Gespräch gehen, stellen Sie sich in die Schuhe des anderen, um neue Perspektiven zu erkennen und eine konstruktive Haltung zu gewinnen. Diese unterstützt Sie, im Gespräch neben den eigenen Anliegen für den anderen offen zu bleiben. Nutzen Sie Ihren bewertenden Gedanken als Wegweiser zu Ihren Bedürfnissen. Im inneren „Kopfkino" können Sie diese produktiv wandeln. Durch den Prozess zeigt sich eine emotionale Veränderung. Dieser „Shift" schafft eine Basis für nachhaltige Verhaltensänderungen und ermöglicht Ihnen, alte Muster zu verlassen.

7.1.4 Handlungsspielräume erweitern

Um erfolgreich ins Gespräch einzusteigen und eine wertschätzende Verbindung aufbauen zu können, ist es wichtig, dass Sie sich nochmals die Bedeutung der Bitte vor Augen führen. Die Bitte spiegelt die bevorzugte Lösungsstrategie zur Erfüllung der Bedürfnisse wider. Sie ist nur eine von vielen Lösungsvarianten. Eine echte Bitte erkennen Sie daran, dass sie auch ein NEIN verträgt (siehe Abschnitt 6.4). Das ist oft ein zentraler Knackpunkt im Gespräch – denn wie leicht sind wir verführt, diese gewünschte Handlung als die einzige anzusehen. Da wird es im Gespräch schnell eng, und die Gefahr ist groß, dass das Gespräch in ein Gerangel um die bevorzugte Lösungsstrategie ausartet. Wir empfehlen Ihnen deshalb, sobald Sie Ihre Bitte dem Gegenüber kundgetan haben, diese vorerst mental im 3. UG eines Parkhauses abzustellen. Warten Sie ab, was die Reaktion des Gegenübers ist. Sollte die Person nicht auf die Bitte eingehen wollen, so gilt es, zunächst die Bedürfnisse des anderen ans Tageslicht zu befördern. Wenn die Anliegen beider Beteiligten auf dem Tisch liegen, entstehen oft Lösungen, von denen Sie im Vorfeld nicht geahnt hatten, dass sie möglich sind.

> **„Wenn dir nur eine Lösung einfällt, hast du das Problem nicht erkannt."**
> **Marshall Rosenberg**

Es ist uns bewusst, dass es manchmal schwierig ist, sich von seiner bevorzugten Lösung freizumachen und offen zu sein für das Gegenüber. Hilfreich kann dazu sein, dass Sie sich im Vorfeld überlegen, welches 4er-ASS Sie noch im Ärmel haben. Ein 4er-ASS ist ein „Alternativ-Strategien-Speicher" mit mindestens vier Handlungsoptionen. Wenn Sie also merken, dass es Ihnen schwerfällt, Ihre Lieblingslösung im 3. UG zu parken, dann überlegen Sie sich, was Sie sonst noch tun könnten, um Ihren Bedürfnissen Rechnung zu tragen. Überlegen Sie sich mindestens zwei weitere Möglichkeiten und lassen Sie mindestens einen Platz im „Alternativ-Strategien-Speicher" frei für eine Lösung, an die Sie im Moment noch nicht denken.

Lassen Sie uns das an unserem Fall durchspielen:

Welche Bedürfnisse hätte die Leiterin Innendienst gerne erfüllt?
···} Zuverlässigkeit (dass der Service funktioniert);
···} dass Handlungsspielräume genutzt werden;
···} dass das Bestreben, dem Verkauf eine Unterstützung zu sein, auch gewürdigt wird.

Bevorzugte Lösungsvariante und Strategie Nr. 1:
Herrn Schuster fragen, wie er die Geschichte erlebt hat.

Nehmen wir einmal an, Herr Schuster würde auf die Bitte nicht eingehen, welche Alternativen stünden dann noch zur Verfügung, um die Bedürfnisse zu erfüllen?
2. Dran bleiben und nachfragen, was er braucht, um zu sagen, was los ist.
3. Im Team besprechen, welche Handlungsspielräume bei den vorhandenen Regeln da sind.
4. Neue Lösung, die sich entwickeln kann, wenn die Bedürfnisse des Gesprächspartners offenliegen.

Zugegeben, vielleicht sind nicht alle Lösungsvarianten gleich attraktiv, aber sie bewirken, dass Sie handlungsfähig bleiben und das ist für den weiteren Gesprächsverlauf entscheidend. Die Vorstellung, nicht mehr handlungsfähig zu sein, hindert uns oft daran, auf das Gegenüber einzugehen. Mit dem 4er-ASS im Ärmel bleiben Sie auf jeden Fall im Spiel und bewahren damit Ihren Handlungsspielraum. Dadurch erhöhen Sie die Chancen auf eine gemeinsame Lösungsfindung.

> **„Handle stets so, dass sich die Zahl der Möglichkeiten vergrößert."**
> **Heinz von Foerster**

MANAGEMENT SUMMARY

Behalten Sie im Hinterkopf, dass jedes Bedürfnis unzählige Erfüllungsmöglichkeiten hat. Stellen Sie vor der Gesprächseröffnung erst einmal Ihre Lieblingslösung im dritten UG Ihres Parkhauses ab und lassen Sie sich überraschen, welche gemeinsamen Lösungen im Gespräch entstehen. Sollte das schwerfallen, dann legen Sie sich einen 4er-ASS (Alternativ-Strategien-Speicher) zurecht und überlegen Sie sich zwei weitere Handlungen, wie Ihre Bedürfnisse sonst noch erfüllt werden könnten. Ein viertes, entscheidendes ASS in Ihrem Ärmel ist eine neue, noch nicht dagewesene Lösung, die Sie erst im Austausch mit Ihrem Gegenüber entdecken werden. Damit erweitern sich Ihre persönlichen Handlungsspielräume.

7.1.5 Das Navigationssystem einstellen

Eine zurückhaltende oder ablehnende Haltung hat ihre Gründe, so wie jegliches Verhalten der Erfüllung von Bedürfnissen dient. Wir brauchen Sicherheit, wenn wir eine unbekannte Situation noch nicht einschätzen können. Eine kleine Geschichte von André Heller bringt es auf den Punkt: „Wenn ein Wolf im Wald einen Wolf trifft, denkt er sich: ‚Aha – ein Wolf!‘ Wenn ein Mensch im Wald einen Menschen trifft, denkt er sich sicher: ‚Oje, ein Mörder!‘" Wenn wir in unerwarteten Situationen vorsichtig sind, dann behindert dies auch offene Begegnungen. Bekannte Verhaltensmuster verstärken sich und verhindern neue Erfahrungen. Wenn es gelingt, den Blick wieder zu öffnen, werden Menschen mit ihrem ganzen Potenzial sichtbar. Deshalb schalten Sie Ihr persönliches Navigationssystem ein und überprüfen Sie Ihre innere Gesprächshaltung, bevor Sie das Gespräch eröffnen:

Welche Absicht verfolgen Sie? Geht es Ihnen darum, Ihren Willen durchzusetzen oder sind Sie bereit, eine wertschätzende Verbindung aufzubauen und gemeinsam nach einer Lösung zu suchen?

In unserem Fall hatte die Leiterin Innendienst (FK) Ihre Gesprächsvorbereitungen gemacht. Ihr Empathie-Akku ist gefüllt und sie hat Klarheit darüber, für welche Bedürfnisse sie sich einsetzen möchte. Es ist ihr ein Anliegen, die Sichtweisen aller Beteiligten zu entdecken und eine wertschätzende Verbindung mit Ihrem Gegenüber einzugehen. Sie hat für alle Fälle auch Ihr 4er-ASS im Ärmel und ist nun zuversichtlich, den Dialog zum Mitarbeiter Schuster (MA) eröffnen zu können. Deshalb bittet sie ihn, für eine Besprechung ins Sitzungszimmer zu kommen und eröffnet den Dialog wie folgt:

FK: *„Der Vertriebsleiter sagte mir, die Kundin Frau Rado würde auf unser Angebot verzichten, weil Sie sie um Unterlagen baten, die sie nicht beschaffen möchte. Herr Ackermann sagt, das sei kundenschädigend und will dies in der Direktionsrunde ansprechen. Das beunruhigt mich, weil ich sicher sein will, dass der Service funktioniert und die Kunden zufrieden sind. Ich würde gern hören, wie das Kundengespräch aus Ihrer Sicht gelaufen ist."*

MA: *„Ich habe mich wirklich bemüht, der Kundin zu erklären, weshalb wir die Unterlagen brauchen. Eine halbe Stunde habe ich dafür geopfert. Dann sagte sie mir, das verstehe sie ja und finde das auch nett, wie ich ihr das erkläre. Doch sie brauche unser Angebot gar nicht, sie hätte sich Herrn Ackermann zu Liebe darauf eingelassen, da er sie ja schon so lange berät. Sie wollte auch kein weiteres Entgegenkommen von uns. Da bin ich schon frustriert, wenn uns der Verkauf jetzt den schwarzen Peter zuschiebt. Wir haben doch mit den neuen Richtlinien keine andere Möglichkeit oder wie sehen Sie das?"*

FK: *„Wollen Sie, dass Ihr Bemühen in dieser Sache gesehen wird?"*

MA: *„Ja, ich habe es mir da wirklich nicht leicht gemacht, mit den neuen Richtlinien ist das nicht so einfach."*

FK: *„Sie haben sich da wirklich eingesetzt, um die Kundin zufrieden zu stellen und auch die neuen Vorgaben zu beachten. Ich schätze das, weil mir daran liegt, dass alle an einem Strang ziehen. Gleichzeitig möchte ich auch, dass Handlungsspielräume genutzt werden, soweit das möglich ist. Können Sie sich vorstellen, mich in solchen heiklen Situationen vorher anzusprechen, wie weit wir entgegenkommen können?"*

MA: *„Gerne, wenn ich Ihre Rückendeckung habe. Das macht es mir einfacher."*

FK: *„Ich werde den Ackermann von Ihrem Gespräch mit der Kundin informieren, damit gesehen wird, dass wir hier unser Bestes für einen guten Service geben."*

> **„Autorität und Vertrauen werden durch nichts mehr erschüttert,**
> **als durch das Gefühl, ungerecht behandelt zu werden."**
> *Theodor Storm*

MANAGEMENT SUMMARY

Wenn Sie vor dem Gespräch merken, dass Ihr einziges Ziel die Durchsetzung Ihrer Lieblingsstrategie ist, dann hinterfragen Sie Ihre innere Haltung noch einmal. Welchen Preis müssen Sie dafür auf der Beziehungsebene bezahlen? Welche Chance beinhaltet eine wertschätzende Verbindung und eine gemeinsame Lösungssuche?

7.2 Ein Leitfaden als Wegweiser

Nun zu Ihrem eigenen Beispiel: Nehmen Sie eine Situation aus Ihrem Berufsalltag, die Sie etwas genauer unter die Lupe nehmen wollen. Was genau ist geschehen?

1. Selbstkompetenz aktivieren:
Den eigenen Standort bestimmen und den Empathie-Akku füllen

Nehmen Sie sich einen Augenblick Zeit und werden Sie sich klar darüber, was bei Ihnen im Moment los ist. Wie nehmen Sie die Welt wahr? Wie geht es Ihnen dabei? Um welche Bedürfnisse geht es? Was könnte eine konkrete Bitte an das Gegenüber sein?

Bitte beachten Sie, dass dieser Klärungsprozess manchmal etwas Zeit braucht – es ist jedoch eine Zeitinvestition die sich lohnt, denn die Chance, dass Sie sich später im Gespräch klar ausdrücken können und der andere versteht was Sie meinen, erhöht sich dadurch enorm:

	ICH (Selbstklärung) *Die Welt / Landkarte, wie ich sie in meinen Schuhen erlebe*
Beobachtung:	Was kann ich sehen / hören, ohne zu bewerten?
Befinden:	Welches Befinden löst diese Beobachtung bei mir aus?
Bedürfnis:	Welches Bedürfnis kommt bei mir zu kurz und möchte gerne erfüllt werden?
Bitte:	Worum möchte ich die andere Person jetzt bitten?

2. Perspektivenwechsel: Die Welt aus den Schuhen des anderen sehen

Überlegen Sie sich jetzt, wie die Welt Ihres Gegenübers aussehen könnte. Wie könnte es die Situation erlebt haben. Setzen Sie sich hierfür Ihre „Brille des Wohlwollens" auf. Das erleichtert das Menschliche im Gegenüber zu sehen und die Bedürfnisse des Gegenübers zu entdecken. Nutzen Sie dafür die folgende Tabelle:

	DU *Die Welt / Landkarte, wie ich sie in den Schuhen des anderen vermute und erlebe*
Beobachtung:	Wie könnte die andere Person die Situation möglicherweise sehen / hören?
Befinden:	Wie könnte es der anderen Person aufgrund ihrer Beobachtung jetzt gehen?
Bedürfnis:	Welches Bedürfnis könnte die andere Person jetzt haben?
Bitte:	Welche Bitte könnte die andere Person jetzt haben?

Check nach dem Perspektivenwechsel:

Welche Informationen haben Sie durch die verschiedenen Sichtweisen erhalten?

_____

_____

_____

_____

Was hat sich innerlich für Sie verändert? Welche Einstellung haben Sie zum Gegenüber?

_____

_____

_____

_____

Was möchten Sie nun als Nächstes tun? Gibt es etwas, was Sie ansprechen wollen? Wenn ja, was? Wie könnte sich das in den vier Schritten anhören?

_____

_____

_____

_____

Falls Sie noch nicht bereit sind, das Gespräch mit dem Gegenüber aufzunehmen, weil Sie (Vor-)Urteile davon abhalten, dann fahren Sie bitte mit dem nächsten Punkt fort.

3. Vorbehalte klären

Nun zu Ihrem Beispiel: Überprüfen Sie Ihre innere Einstellung zum Gegenüber und beobachten Sie Ihre Gedanken im Kopfkino. Sind Sie noch immer voller (Vor-)Urteile gegenüber Ihrem Gesprächspartner? Wenn ja, dann schreiben Sie diese in der nachfolgenden Tabelle auf und überlegen Sie sich, welche unerfüllten Bedürfnisse hinter diesem Urteil stecken.

(Vor-)Urteile	Unerfüllte Bedürfnisse

Jetzt, da Sie die unerfüllten Bedürfnisse sehen: Welches spricht Sie am allermeisten an? Für welches wollen Sie sich einsetzen?

Check nach der Bearbeitung des (Vor-)Urteils

Wie geht es Ihnen jetzt, da Ihnen bewusst wird, welche unerfüllten Bedürfnisse hinter Ihren Urteilen stecken? Welche Veränderung nehmen Sie wahr? Wie bereit sind Sie jetzt, auf das Gegenüber einzugehen?

4. Handlungsspielräume erweitern – z.B. mit dem vierer-Alternativ-Strategie-Speicher

Damit Sie nicht dem Bestreben folgen, Ihre bevorzugte Lösungsstrategie durchzusetzen, überlegen Sie sich Ihr 4er-ASS. Welche Handlungsalternativen haben Sie, um Ihre Bedürfnisse zu erfüllen?

1. _____

2. _____

3. _____

4. Platzhalter für eine Lösung, die Sie erst im Gespräch mit dem Gegenüber entdecken werden.

5. Bevor es losgeht: Stellen Sie Ihr Navigationssystem ein

Überprüfen Sie Ihre innere Haltung vor dem Gesprächseinstieg:

⇢ Stimmt der Zeitpunkt, so dass beide Beteiligten Zeit für das Gespräch haben?

⇢ Bin ich bereit, mit meinem Gegenüber in eine wertschätzende Verbindung zu gehen und ihm auch zuzuhören?

⇢ Will ich meine Lösung / Forderung einfach durchsetzen oder bin ich offen dafür, im Gespräch neue Lösungen / Bitten entstehen zu lassen?

Sollten Sie diese Fragen mit Nein beantworten, so empfehlen wir Ihnen, nochmals Ihren Empathie-Akku zu aktivieren, bis Sie genügend Boden und Stabilität haben, das Gespräch konstruktiv zu eröffnen.

Wenn Sie die Fragen mit einem klaren Ja beantworten, dann steht der Gesprächseröffnung nichts mehr im Weg. Falls Sie mögen, können Sie diese auch nochmals schriftlich vorbereiten. Je nach Situation erleichtert das den Einstieg.

Schreiben Sie also die zwei bis drei wichtigsten Bedürfnisse auf, die Sie gerne im Gespräch angehen wollen. Überlegen Sie sich, wie Sie das Gespräch in den vier Schritten eröffnen wollen:

Schritt	Was
Beobachtung	Auf welche Fakten beziehen Sie sich im Gespräch? „Ich sehe / höre ...“
Befinden	Wie ist Ihr Befinden in Bezug auf das, was Sie gesehen haben? „Wenn ich das höre, dann bin ich ... (Gefühl),“
Bedürfnis	Für welches Bedürfnis wollen Sie einstehen? „weil mir ... (Bedürfnis) wichtig ist.“
Bitte	Welche Bitte haben Sie konkret an Ihr Gegenüber? „Bitte ...“ Machen Sie den Bedürfnischeck: Angenommen, Ihr Gegenüber macht, worum Sie ihn bitten. Wird Ihr Bedürfnis durch das Handeln erfüllt?

8. Erfolge feiern und Chancen nutzen

Vielleicht haben Sie jetzt den Leitfaden zur Gesprächsvorbereitung genutzt und ein herausforderndes Gespräch geführt. Wie geht es Ihnen jetzt? Was hat sich für Sie mit dieser Form der Gesprächsführung erfüllt? Oder ist noch etwas offen geblieben?

8.1 Erfolgsstrategien stärken

Sind Sie zufrieden, weil Sie etwas ausprobiert haben, Klarheit in eine Sache gebracht und etwas für die Beziehung getan haben oder vielleicht auch schon ein befriedigendes Ergebnis erreichen konnten? Wenn ja, dann feiern Sie, dass Ihre Investition Früchte trägt. Diese bewusste Fokussierung auf die eigenen Erfolge unterstützt maßgeblich den Trainingsprozess. So lernen Sie Ihre persönlichen Erfolgsstrategien im Gespräch kennen und erweitern diese (siehe auch Abschnitt 10.8: Wertschätzung ausdrücken und Kapitel 12: Neun Strategien für wirksames Beziehungsmanagement). Geben Sie sich selbst Wertschätzung für das, was Ihnen beim Ausprobieren neuer Strategien gefallen hat und kosten Sie es aus. Wenn Sie sich angewöhnen, auf diese Art achtsam mit sich selbst umzugehen, dann betreiben Sie gleichzeitig eine wirksame Burn-Out-Prophylaxe.

Es gibt eventuell Situationen, in denen die eigene Erwartung so hoch ist, dass das Gesprächsergebnis nicht ganz den eigenen Vorstellungen entspricht. Sei es, dass man sich nicht klar genug ausgedrückt hat oder nicht die Empathie aufbrachte, die man sich wünschte oder einfach einen ungünstigen Moment für das Gespräch gewählt hat. Jetzt haben Sie die Wahl, mit der Selbstklärung (s. Abschnitt 7.1.1) Ihren Empathie-Akku nochmals aufzufüllen oder das Gespräch wie folgt zu reflektieren:

8.2 Innerer Kritiker und innerer Entscheider

Ein Projektleiter erzählte uns in einem Folgetraining von einem Gesprächsversuch, mit dem er nicht zufrieden war. Nach wiederholten Ansätzen, seinen Mitarbeiter um etwas zu bitten, wozu er nicht bereit war, hätte er geantwortet „Jetzt haben wir genug diskutiert, Sie machen das!" Seine Meinung war: „Das hätte mir nach der Vorbereitung nicht passieren dürfen."

Mit dieser Aussage hatte sich ein so genannter „Innerer Kritiker" zu Wort gemeldet. Eine innere Stimme die zeigt, dass wichtige Bedürfnisse mit diesem Verhalten zu kurz gekommen sind. Gleichzeitig war da aber auch ein innerer Anteil, der „innere Entscheider", der sich entschieden hatte so zu handeln, wie er handelte. Den „Inneren Kritiker" können Sie auch mit dem Qualitätsmanagement eines Unternehmens vergleichen, das dafür sorgt, dass die Qualität der Produkte stimmt. Der innere Entscheider entspricht dem operativen Geschäft, das dafür sorgt, dass die Geschäfte effektiv laufen. Beide wollen grundsätzlich zu den Unternehmenszielen beitragen, haben aber unterschiedliche Bedürfnisse im Blickfeld. Geraten sich die beiden in die Haare, kann sich das negativ auf die gemeinsame Zielerreichung auswirken. Gelingt es jedoch beiden Teilen, die gegenseitigen Bedürfnisse zu sehen und zu hören, können neue Handlungsansätze erarbeitet werden und aus Missgeschicken gelernt werden.

Die folgende Struktur zeigt auf, wie dieser innere Klärungsprozess den Projektleiter wieder handlungsfähig gemacht hat. Dabei wurde mit dem „Inneren Kritiker" begonnen. Diesem Teil wird in der Regel zuerst Gehör verschafft, weil er bei der Handlung zu kurz kam. Ist der Teil vollständig gehört, dann widmet man sich dem „Inneren Entscheider", denn er hatte gute Gründe, so zu handeln. Die Absicht, wirklich beide Teile ernst zu nehmen, ist entscheidend für eine nachhaltige Wirkung dieses Prozesses. In einem dritten Schritt werden neue Handlungsoptionen abgewogen, die entstehen, wenn man beide Bedürfnisse im Auge behält. Die nachfolgende Tabelle zeigt auf, wie der Projektleiter beiden Teilen einfühlsam zuhört. Lesen Sie dabei die einzelnen Spalten von oben nach unten.

Schritt / Symbole	1. Innerer Kritiker	2. Innerer Entscheider
Kopf-Kino	Was sagt Ihnen der innere Kritiker? Das hätte dir nach der Vorbereitung im Führungstraining nicht passieren dürfen!	Was sagt Ihnen der innere Entscheider? Du musst drauf achten, dass der Laden läuft. Wo kämen wir hin, wenn wir ständig auf alle warten würden?
Beobachtung	Auf welche konkrete Beobachtung bezieht sich dieser innere Teil? Ich habe meinen Mitarbeiter gebeten, mir das Konzept heute noch vorzulegen. Er sagte: „Das kann ich erst, wenn ich mich mit der Kollegin abgesprochen habe." Meine Antwort: „Jetzt haben wir genug diskutiert, Sie machen das!"	Auf welche konkrete Beobachtung bezieht sich dieser innere Teil? Ich habe ihn bereits zweimal in dieser Woche um das Konzept gebeten und er hat es nicht gemacht.
Befinden	Wie geht es ihm damit? Mir ist unwohl, eng, es ist mir peinlich …	Wie ging es ihm damit? Ich war gestresst und unter Druck …
Bedürfnis	Um welche Bedürfnisse und Anliegen geht es dem Teil? Mir ist respektvoller Umgang wichtig und dass die Beteiligten einbezogen werden.	Um welche Bedürfnisse und Anliegen ging es dem Teil? Mir lag daran, vorwärts zu kommen und die Zeit sinnvoll zu nutzen.
Bitte	Was könnte die Bitte dieses Teils sein? Ich nehme das Gespräch mit meinem Mitarbeiter nochmals auf.	Was könnte die Bitte dieses Teils sein? Ich möchte dem Mitarbeiter nochmals aufzeigen, wie dringlich die Angelegenheit für mich ist.

Nehmen Sie nun die Perspektive eines inneren Vermittlers ein, der die Aufgabe hat, eine Lösung zu finden, die allen Bedürfnissen gerecht wird. Entscheiden Sie sich für Ihre nächsten konkreten Handlungsschritte:

 _Handlung_	**Was ist mein konkreter nächster Schritt, um die Bedürfnisse beider Teile gleichermaßen zu berücksichtigen?** Ich spreche meinen Mitarbeiter nochmals darauf an, dass mir ein respektvoller Umgang wichtig ist und auch, in der Sache weiterzukommen. Wenn ich wieder mal was dringend brauche, werde ich der Dringlichkeit von vornherein mehr Ausdruck verleihen und meine Gedankengänge transparenter machen.

Nachdem der Projektleiter beide Seiten sehen konnte, war er sichtlich versöhnt mit seinem Handeln von damals. Gleichzeitig wurde ihm auch bewusst, dass er Handlungsalternativen gehabt hätte. Diese Erkenntnis ermöglichte ihm, seine Kommunikationsfähigkeiten auszubauen. Wie er das Gespräch mit dem Mitarbeiter führt, lesen Sie in den folgenden Abschnitten.

„Eine Ansicht zu widerrufen erfordert mehr Charakter, als sie zu verteidigen."
Arthur Schopenhauer

8.3 Bedauern statt Entschuldigen

Wo zusammen gearbeitet wird, geschehen auch Dinge, die nicht so laufen, wie man sich das wünscht. Es kommt darauf an, in eine Haltung zu kommen, aus der man für die Zukunft lernen kann, statt sich im Schulddenken gegenseitig den Schwarzen Peter zuzuschieben. Die Überzeugung, etwas falsch gemacht zu haben, lähmt die Handlungsfähigkeit und verringert die Chance, eine konstruktive Lösung zu finden. In der Wertschätzenden Kommunikation definieren wir deshalb Fehler als Abweichungen von einem gewünschten Ergebnis. Der Blick geht in die Richtung, was getan werden kann, um das angestrebte Ergebnis erreichen zu können.

> **„Du hast noch nie etwas falsch gemacht und wirst auch nie etwas falsch machen.**
> **Du wirst höchstens aufgrund dessen, was du jetzt gerade lernst,**
> **dich das nächste Mal für etwas anderes entscheiden.“**
> **Marshall Rosenberg**

Bedauern ist ein Prozess, der Menschen in Kontakt mit den eigenen Bedürfnissen bringt. Dies führt zu neuen Chancen für die Verständigung. Dabei wird der Fokus auf die Bedürfnisse gelenkt, das gemeinsame Verbindende.

Im oben beschriebenen Fall klärte der Projektleiter für sich, dass sein Bedürfnis nach respektvollem Umgang und Einbeziehen auf der Strecke geblieben ist. Es liegt ihm selbst daran, so behandelt zu werden. Das teilt er seinem Mitarbeiter mit:

Der Prozess des Bedauerns

Beobachtung	„Ich möchte gern unser Gespräch von gestern nochmals aufnehmen. Am Schluss habe ich gesagt, dass ich keine Diskussion mehr will und Sie das machen sollen.
Befinden	Das bedaure ich, ...

Bedürfnis	Die Bedürfnisse offenlegen, die für uns mit dem Verhalten zu kurz kamen und die uns wichtig sind: *... weil mir daran liegt, respektvoll miteinander umzugehen und die Beteiligten einzubeziehen.* Die Bedürfnisse offenlegen, die wir uns damit erfüllt hatten und für die wir einstehen: *Gleichzeitig war ich unter Druck, weil ich in der Sache vorwärts kommen wollte.*
Bitte	*Ich will, dass Sie wissen, dass ich beim nächsten Mal wieder offen bin für Ihre Anliegen.* *Wie geht es Ihnen damit?"*

MANAGEMENT SUMMARY

Nehmen Sie sich Zeit dafür, Gespräche zu refektieren, die zufriedenstellend gelaufen sind. Feiern Sie, wenn etwas gelungen ist, Sie eine Verbindung zu einem Mitarbeitenden oder sogar eine gemeinsame Lösung gefunden haben. Sie stärken damit Ihre persönlichen Erfolgsstrategien. Nach einem weniger geglückten Versuch kommt es darauf an, konstruktiv damit umzugehen. Feiern Sie das, was Ihnen daran gefallen hat, z.B. die guten Absichten, es anders zu machen als bisher. Mit dem inneren Kritiker und Entscheider beleuchten Sie die Bedürfnisse, die durch Ihr Handeln zu kurz kamen oder auch erfüllt wurden. Wenn dies geklärt ist, können Sie neue Schritte entwickeln, wie Sie Gespräche künftig gestalten wollen. Mit aufrichtigem Bedauern statt Entschuldigen kommen Sie von einer lähmenden Schuldhaltung zurück auf den Weg der Verständigung.

"Erfolge im Leben hängen sehr wesentlich davon ab, was man aus seinen Misserfolgen macht."
Joseph Schmidt

9. Hürden meistern

Mit einer guten Gesprächsvorbereitung können wir Gespräche bis zu einem gewissen Grad planen und steuern. Dennoch gibt es in der Kommunikation immer wieder Unvorhergesehenes und Hürden stellen sich uns unerwartet in den Weg. Sie sind das Salz in der Suppe und machen Gespräche spannend. Die Frage ist, welche Bedeutung wir diesen Hürden geben. Sehen wir sie als unüberwindbare, lästige Übel oder als eine belebende Herausforderung, die unsere kommunikative Fitness erhält und das Geschick in der Gesprächsführung fördert?

9.1 Umgang mit Widerständen

Einer der kritischsten Momente in der Kommunikation ist der, wenn wir unsere Interessen gefährdet sehen und das Gegenüber nicht so reagiert, wie wir es gerne hätten. Gleichzeitig können wir Widerstände auch als Zeichen der Lebendigkeit von Organisationen sehen. Mit dem Ansprechen von Unstimmigkeiten oder einer anderen Meinung wird Offenheit gelebt. Ob es uns gelingt mit dem anderen in Verbindung zu bleiben und eine gemeinsame Lösung zu finden, hängt ganz davon ab, wie wir die Botschaft hören und wie wir darauf reagieren (siehe auch Abschnitt 10.10: Nein hören). Diese Einflussnahme liegt bei uns selbst. Hinter Angriffen, Urteilen, Vorwürfen und Kritik stehen unerfüllte Bedürfnisse. Dieses Bewusstsein gibt den Reaktionen unseres Gegenübers eine andere Bedeutung und hilft uns, zu unterscheiden zwischen eigener und fremder Verantwortung. Wir können mit weniger Anspannung und mehr Klarheit und Leichtigkeit in Konfliktgespräche gehen.

9.1.1 Hören – wählen – bewusst reagieren

Angenommen, Sie haben bei der internen Benutzer-Hotline eine dringende Störung angemeldet und als Sie nach zwei Tagen mit höchst erschwerten Arbeitsabläufen noch keine Klärung haben, hören Sie auf Ihre erneute Anfrage: „Wir haben hier wegen eines Umzugs einen Arbeitsstau von zwei Wochen, da können wir die Probleme nur in der Reihenfolge der Meldungen beheben. Wissen Sie, wie viele Rückfragen wir täglich bekommen? Das verzögert das Ganze nur."

Welche Möglichkeiten haben Sie, das zu hören? Wenn Sie jetzt einen Gang zurückschalten, können Sie sich bewusst machen, dass Sie frei wählen können. Damit steigt die Chance, alte Muster zu verlassen. Denn aus dieser bewussten Reflexion heraus ergeben sich neue Reaktionsmöglichkeiten:

Vier Formen des Hörens

Schuldohren nach außen
mit dem anderen stimmt etwas nicht
→ Ärger auf den anderen gerichtet

> Das ist eine Frechheit, die haben ihre Abteilung nicht im Griff.
> Wie kann man einen Umzug bei der Hotline so kurzsichtig
> planen? Das kostet uns ein Vermögen, wenn die Anwendun-
> gen nicht funktionieren und das nur wegen dieser Unfähigkeit.

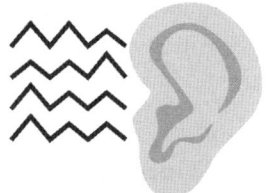

Schuldohren nach innen
mit mir stimmt etwas nicht
→ Schuld, Scham, Depression gegen mich gerichtet

> Ich müsste wirklich etwas mehr Geduld mit solchen Engpäs-
> sen haben, das sind doch auch nur Menschen. Da habe ich
> wohl etwas zu viel Druck gemacht, hoffentlich trägt mir das
> niemand nach.

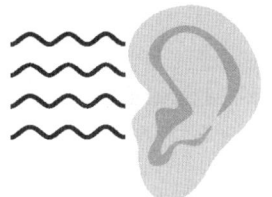

Verständnisohren nach innen
was fühle und was brauche ich?
→ mitfühlendes Verständnis für mich selbst

> Ich bin jetzt wirklich genervt und angespannt und brauche
> Effizienz und eine Berechenbarkeit, wann es vorwärts geht.
> Ich atme mal tief durch und spreche den Kollegen nochmals
> konkret auf unsere Situation an.

Verständnisohren nach außen
was fühlt und was braucht der andere?
→ mitfühlendes Verständnis für den anderen

> Er ist bestimmt ziemlich nervös und gestresst und braucht
> vermutlich Verständnis und Entlastung. Ich spreche ihn darauf
> an und versuche herauszufinden, wie es ihm mit den vielen
> Anfragen geht, bevor ich mein Anliegen nochmals benenne.

Wenn wir wirklich bereit sind, die Anliegen unseres Gegenübers zu verstehen und zu respektieren, steigt die Bereitschaft, dass auch unsere Belange gesehen werden. Vorher wird es einem aufgebrachten Menschen schwerfallen, sich für uns zu öffnen. Es emp-fiehlt sich also zuerst, eine einfühlsame Verbindung zu schaffen, bevor Sie beharrlich für Ihre eigenen Bedürfnisse einstehen. Verständnis bedeutet nicht automatisch, dass Sie mit dem Gehörten einverstanden sind. Sie können die Bedürfnisse hinter dem Gesagten hören und ernst nehmen, ohne dass Sie der Handlung, wie diese Bedürfnisse umgesetzt werden, zustimmen.

Empathisches Hören setzt eine echte innere Bereitschaft voraus, die guten Gründe menschlichen Verhaltens zu finden. Um mit dieser Motivation in Kontakt zu kommen, hilft die Vorstellung, dass Menschen nicht gegen andere, sondern für sich selbst handeln.

9.1.2 Empathie – Verbindung aufbauen

Nehmen wir einmal an, Sie haben sich entschieden, in diesem Fall Ihre Verständnisohren nach außen aufzusetzen. Wie können Sie mit den vier Schritten eine Verbindung zum Gesprächspartner aufbauen, wenn er Folgendes sagt:

„Wir haben hier wegen eines Umzugs einen Arbeitsstau von zwei Wochen, da können wir die Probleme nur in der Reihenfolge der Meldungen beheben. Wissen Sie, wie viele Rückfragen wir täglich bekommen? Das verzögert das Ganze nur."

Schritt	Inhalt
Beobachtung	Auf welche Beobachtung könnte sich die Person konkret beziehen? *„Denken Sie jetzt an die verschiedenen Nachfragen, die Sie in den letzten Tagen beantwortet haben?* Falls hier ein JA kommt, dann gehen Sie zum nächsten Schritt über. Wenn Nein, erahnen Sie, auf was sie sich sonst beziehen könnte.
Befinden	Wie könnte es Ihrem Gegenüber dabei gehen? *Sind Sie gestresst ...* Verbinden Sie das Befinden gleich mit dem 3. Schritt.
Bedürfnis	Welches Bedürfnis könnte im Moment zu kurz kommen und möchte gern erfüllt werden? *... weil Sie sich Verständnis und Entlastung wünschen?* Warten Sie nun ab, was Sie hören. Vielleicht haben Sie mit Ihrer Vermutung noch nicht ins Schwarze getroffen. Deshalb fragen Sie auch und stellen keine Diagnose. Der einzige Mensch, der weiß, wie es ihm geht, ist der, der befragt wird. Sie unterstützen ihn mit Ihrem empathischen Erahnen beim inneren Suchprozess. Haben Sie das Bedürfnis gefunden, gehen Sie zum nächsten Schritt über.

Schritt	Inhalt
Bitte	Was kann getan werden, damit sich das Bedürfnis erfüllt?
	Habe ich verstanden, um was es Ihnen geht?"
	Mit dieser Form der Beziehungsbitte tragen Sie zum Bedürfnis „Verstanden werden" bei. Hier könnte aber auch eine sachliche Lösungsbitte stehen, die dem Bedürfnis nach Entlastung näherkommt:
	„Möchten Sie, dass ich bis morgen Abend warte, bevor ich wieder aktiv werde?"

Wenn Sie die Welt des anderen entdeckt haben, dann tritt meistens eine Entspannung ein und die Person ist nun eher bereit, auf Sie einzugehen. Das erkennen Sie daran, dass das Gegenüber tief durchatmet, die Stimme ruhiger wird oder auch die Körperhaltung sich entspannt. Meist sind dann die Menschen auch wieder bereit Sie zu hören und Sie können mit der Beziehungsbitte „Darf ich Ihnen sagen, wie es mir mit dieser Situation geht?" die Brücke wieder zu sich schlagen.

Damit es Ihnen in hektischen Situationen gelingt, auf das Gegenüber einzugehen, ist es hilfreich, den eigenen Empathie-Akku gefüllt zu haben. Wenn Sie sich selbst vertrauen können, dass Sie sich beharrlich für Ihre Bedürfnisse einsetzen, dann fällt es viel leichter auf den Gesprächspartner einzugehen. Die Angst, zu kurz zu kommen, hindert uns manchmal daran, die Verbindung zum anderen aufzubauen.

Im Führungsalltag gibt es viele Situationen, wo das Empathische Zuhören hilfreich ist. Zum Beispiel dann, wenn sich ein Mitarbeiter bei Ihnen über jemand anderes beklagt. In diesem Fall sind Sie kein Teil des Konfliktsystems, was es in der Regel etwas einfacher macht. Auch hier gilt: Entdecken Sie die Welt des Gegenübers mit der Brille von „Ich weiß zwar noch nicht, was dich bewegt, aber ich will es gemeinsam mit dir herausfinden". Trauen Sie ihm zu, dass er die passende Lösung selbst finden kann. Damit bewahren Sie die Gleichwertigkeit im Gespräch. Praxisbeispiele dazu finden Sie im Kapitel 10: Gespräche aus der Praxis.

> **„Die meisten der erfolgreichen Menschen, die ich kenne, hören eher zu, als dass sie reden."**
> **Bernard Baruch**

9.1.3 Verantwortungsbereiche unterscheiden

Was in einem Gespräch geschieht, hängt immer von beiden Gesprächspartnerinnen ab. Wir können nur Verantwortung übernehmen für das, was wir selbst steuern können. Es erleichtert den Umgang mit den Reaktionen unseres Gegenübers, wenn wir unterscheiden können zwischen unseren Anliegen und Befinden und jenen des Gegenübers. Einfluss nehmen wir jedoch immer dann, wenn wir bewusst auf die Antwort reagieren. Dies entscheidet, ob der Kontakt zum anderen gelingt:

Eigener Verantwortungsbereich	Fremder Verantwortungsbereich
Die eigenen Absichten und Ziele *Ich möchte eine zeitnahe Klärung der Störung, um weiterarbeiten zu können.*	
Das eigene Handeln *Ich spreche die Benutzer-Hotline nochmals darauf an.*	
	Die Reaktion anderer auf unser Handeln *„Wir haben einen Arbeitsstau von zwei Wochen. Wissen Sie, wie viele Rückfragen wir täglich bekommen?"*
Die eigene Reaktion auf deren Reaktion Wahlmöglichkeiten: *„Diese Unfähigkeit kostet ein Vermögen."* (Schuld-Ohren nach außen) *„Ich möchte Ihnen jetzt konkret unsere Dringlichkeit aufzeigen, um dann von Ihnen zu hören, welche Notlösungen Sie sehen."* (Verständnis-Ohren nach innen) *„Sind Sie unter Druck und brauchen Verständnis für die Situation?"* (Verständnis-Ohren nach außen)	

Mit den Schuld-Ohren entfernen wir uns vom Kontakt zu uns selbst und anderen. Die Verständnis-Ohren schaffen Präsenz und Verbindung, so dass der Weg für neue Handlungsstrategien bereitet wird.

MANAGEMENT SUMMARY

Wie oft stellen Sie sich innerlich die Frage, wer Schuld oder wer Recht hat, wenn es nicht so läuft, wie gewünscht? Das führt leicht in die Sackgasse und verbraucht erheblich Energie, die Sie produktiv nutzen könnten. Verständnis für andere bedeutet nicht automatisch, dass Sie deren Verhalten befürworten. Menschen handeln nicht gegen andere, sondern in erster Linie für sich selbst und ihre Anliegen. Sie sind bereit zu kooperieren, wenn sie mit ihren Anliegen respektiert werden. Wenn Sie diese erkennen und benennen, steigt die Chance, dass Sie selbst mit Ihren Bedürfnissen gehört werden. Sie unterstützen damit, dass der Dialog wieder eine konstruktive Richtung einschlägt und nützliche Handlungen entwickelt werden können. Empathisches Verständnis wird erst möglich, wenn Sie sich darüber im Klaren sind, wie es Ihnen selbst geht und was Sie brauchen.

9.2 Entscheidungen treffen

Mehrmals täglich treffen wir Entscheidungen, ohne uns viele Gedanken darüber zu machen. Herausfordernd wird es dann, wenn wir innerlich zerrissen sind und glauben, dass verschiedene Bedürfnisse nicht vereinbar sind. Wenn dann noch der Anspruch da ist, die richtige Entscheidung fällen zu müssen, verfällt man leicht der Annahme, dass es nur ein „Entweder-oder" gibt. Damit nehmen wir uns selber die Chance vielfältiger Wahlmöglichkeiten.

Viele Entscheidungen im Führungsalltag sind heute komplex. Werden sie nicht getroffen, lähmt das oft die Arbeitsabläufe.

Die Herausforderung bei Entscheidungen liegt darin, dass die Auswirkungen erst im Nachhinein sichtbar werden. Aus dieser Unberechenbarkeit heraus neigen manche Menschen dazu, sie auf die lange Bank zu schieben. Um die Arbeitsabläufe im Fluss zu halten, sind Entscheidungen oftmals unter Zeitdruck und auch mit dem Faktor „Unsicherheit" zu treffen. Egal wie wir entscheiden, wir tun dies nach unseren besten Möglichkeiten und erfüllen uns bestimmte Bedürfnisse damit. Unter diesem Aspekt gibt es keine Fehlentscheidungen, sondern nur Ergebnisse, die nicht den Erwartungen entsprechen. Diese lassen sich in der Regel an neue Erfahrungswerte anpassen. Aus den Abweichungen lernen wir für die nächste Entscheidung. Wenn Sie z.B. Betriebsräume für einen neuen Geschäftszweig anmieten und nach zwei Jahren feststellen, dass die geplanten Umsatzzahlen nicht erreicht werden, ist eine angepasste Planung nötig. Hätten Sie jedoch damals nicht gehandelt, wären vielleicht Aufträge verloren gegangen, von denen Sie heute noch profitieren.

Persönliche Erfahrungen anerkennen – innere Stimmen nutzen

Ähnlich wie beim inneren Kritiker und inneren Entscheider, der im Abschnitt 8.2 beschrieben wurde, geht es bei der Entscheidungsfindung darum, mit inneren Teilen in Kontakt zu kommen. Das können eine ganze Reihe von Stimmen sein, die sich in solchen Situationen zu Wort melden. Jede einzelne können Sie gezielt durch die vier Schritte führen. Haben Sie dann erst einmal die Bedürfnisse der einzelnen Teile gehört, gehen ganz neue Handlungsspielräume auf, die von einem „Entweder-oder" zu einem „Sowohl-als-auch" führen. Damit fällt auch der Druck ab, die richtige Entscheidung fällen zu müssen, denn es gibt viel Wege, die nach Rom führen. Bei einer Entscheidungsfindung heißt es also, aufgrund verfügbarer Informationen Handlungsstrategien zu entwickeln, die die Bedürfnisse aller inneren Anteile möglichst gut berücksichtigen.

Im Coachingprozess unterstützen wir unsere Klienten in der Entscheidungsfindung dabei, ihrer Kreativität freien Lauf zu lassen. Oft zeigt sich dann, dass manche inneren Stimmen bereits über Jahre hinweg eine vertraute Rolle einnehmen, z.B. die Verständnisvolle, der Gewissenhafte, die Zuverlässige, der Abenteuerlustige, die Experimentierfreudige, der Ordnungsliebende, die Bewahrende, der Innovative ... Diese Anteile stehen für weit reichende Erfahrungen und bedeutsame Ressourcen persönlicher Biografien. Im Prozess der vier Schritte kann jede dieser individuellen Erfahrungen gewürdigt werden. Aus der abschließenden Perspektive der inneren Vermittlerin werden dann neue Handlungsstrategien im Einklang mit allen „inneren Beteiligten" entwickelt.

9.2.1 Vom Dilemma zur Klarheit

Kennen Sie die innere Zerrissenheit, die entstehen kann, wenn Sie zwischen Ja oder Nein entscheiden müssen? Möchte ich die Praktikumsstelle im Ausland annehmen, ja oder nein? Soll ich zu einem neuen Lieferanten wechseln, ja oder nein? Soll ich die neue Mitarbeiterin befördern, ja oder nein? Diese Entscheidungen sind deshalb so schwer, weil man glaubt, sich zwischen zwei Möglichkeiten entscheiden zu müssen. Entweder das eine oder das andere. Entspannung und Kreativität entsteht dann, wenn wir den Raum von „sowohl-als-auch" nutzen.

Folgender Prozess zeigt, wie Sie Ja-Nein-Entscheidungen[xv] erfolgreich angehen können.

Eine Führungskraft beschrieb uns folgendes Dilemma:

„Es steht eine anspruchsvolle Aufgabe an, die von der Stellenbeschreibung her der Mitarbeiterin A zugeordnet ist. Ich sehe eindeutig Grenzen in ihren Fähigkeiten diesen Job zu erfüllen. Mitarbeiterin B zeigt im Alltag, dass sie das Können mitbringt, strategisch zu denken, Kreatives zu schaffen und umzusetzen. Deshalb würde ich den Auftrag lieber ihr geben. Ich bin ziemlich hin- und hergerissen, was ich tun soll."

Selbstklärung bei schwierigen Entscheidungen

1. Steigen Sie mit einer Frage ein, die Ihren Gedanken eine klare Ausrichtung gibt und die Sie darin unterstützt, Klarheit zu bekommen.

   Wichtig ist hier, die Ausgangsfrage so zu formulieren, dass diese mit ja oder nein beantwortet werden kann. Dadurch können Sie im Prozess klar bleiben. Wenn Sie sich die Frage stellen würden: „Was soll ich nur tun?" dann wird es schwierig, die Bedürfnisse zu erforschen und in ein konkretes Handeln zu kommen.

Fragestellung zum Beispiel: *„Möchte ich die Arbeit Person B geben, obwohl sie im Arbeitsbereich von Person A liegt?"*

2. Identifizieren Sie nun die beiden Teile, die das innere Hin- und Hergerissen-sein auslösen und führen Sie beide Teile durch die vier Schritte. Bearbeiten Sie diese nacheinander und beginnen Sie intuitiv mit der Stimme, die sich im Moment mehr meldet. Das Nacheinander bewirkt, dass beide Teile für sich gehört werden und keine Vermischung stattfindet.

Benennen Sie die inneren Teile im Einklang mit Ihren persönlichen Erfahrungen, wie z.B. Gegnerin – Befürworterin, Gegenspielerin – Mitspielerin, Widerständler – Zustimmer, Nein-Sager -- Ja-Sager usw.

Schritt / Symbole	Innere Gegnerin NEIN	Innere Befürworterin JA
Kopf-Kino	**Was sagt Ihnen die innere Gegnerin?** *Das kannst du doch nicht machen! Das ist unfair! Du übergehst die Kompetenz- und Verantwortungsbereiche deiner Mitarbeiterin.*	**Was sagt Ihnen die innere Befürworterin?** *Du musst es der Person geben, die es am besten kann. Denk an die Ziele, die du zu erreichen hast. Die andere ist selbst schuld, wenn sie die Leistung nicht bringt!*
Beobachtung	**Auf welche konkrete Beobachtung bezieht sich dieser innere Teil?** *Ich denke daran, eine Aufgabe an Frau B zu geben, obwohl sie in den Aufgabenbereich von Frau A fällt.*	**Auf welche konkrete Beobachtung bezieht sich dieser innere Teil?** *Ich habe eine Aufgabe zu delegieren, die in den Aufgabenbereich von Frau A fällt. Als ich das letzte Mal Frau A eine ähnliche Aufgabe gab, entsprach das Ergebnis nicht meinen Vorstellungen und ich musste dreimal nachfragen, bis ich das Ergebnis bekam. Gleichzeitig hat mir Frau B im letzten Projekt gezeigt, dass sie Ideen hat, die mich in der Kreativität ansprechen und die sie auch umsetzen kann.*
Befinden	**Wie geht es ihm damit?** *Mir ist unwohl bei dem Gedanken ...*	**Wie geht es ihm damit?** *Ich bin besorgt und etwas nervös ...*

Schritt / Symbole	Innere Gegnerin NEIN	Innere Befürworterin JA
Bedürfnis	**Um welche Bedürfnisse und Anliegen geht es dem Teil?** *... weil mir wichtig ist, Vereinbarungen einzuhalten und dazu gehört auch, dass Aufgabenbereiche respektiert werden. Gleichzeitig möchte ich, dass alle die Möglichkeit haben, sich in ihrem Job weiterzuentwickeln.*	**Um welche Bedürfnisse und Anliegen geht es dem Teil?** *... weil mir Verlässlichkeit wichtig ist und mir viel an Kreativität liegt. Es ist mir auch ein Anliegen, mein Möglichstes dazu beizutragen, unsere Ziele zu erreichen.*
Bitte	**Was könnte die Bitte dieses Teils sein?** *Ich werde mit Frau A morgen sprechen, um herauszufinden, wie es ihr mit dem Aufgabenbereich geht. Ich möchte gerne wissen, ob sie diese Arbeiten grundsätzlich gerne macht oder nicht.*	**Was könnte die Bitte dieses Teils sein?** *Bitte gib den Auftrag an eine Person, von der du weißt, dass sie die Aufgabe mit Freude und Leichtigkeit erledigt.*

3. Nehmen Sie nun die Perspektive einer inneren Vermittlerin ein, welche die Aufgabe hat, eine Lösung zu finden, die allen Bedürfnissen gerecht wird. Entscheiden Sie sich für Ihre nächsten konkreten Handlungsschritte:

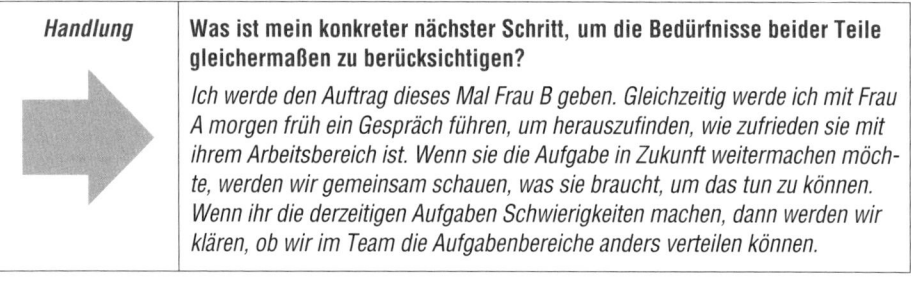

Handlung	**Was ist mein konkreter nächster Schritt, um die Bedürfnisse beider Teile gleichermaßen zu berücksichtigen?** *Ich werde den Auftrag dieses Mal Frau B geben. Gleichzeitig werde ich mit Frau A morgen früh ein Gespräch führen, um herauszufinden, wie zufrieden sie mit ihrem Arbeitsbereich ist. Wenn sie die Aufgabe in Zukunft weitermachen möchte, werden wir gemeinsam schauen, was sie braucht, um das tun zu können. Wenn ihr die derzeitigen Aufgaben Schwierigkeiten machen, dann werden wir klären, ob wir im Team die Aufgabenbereiche anders verteilen können.*

4. Machen Sie den Plausibilitäts-Check: Werden durch die Handlung alle Bedürfnisse ausreichend berücksichtigt? Wenn Sie diese Frage mit Ja beantworten, können Sie zuversichtlich sein, eine passende Lösung für sich gefunden zu haben. Wenn Nein, passen Sie ihre Handlungsschritte an.

Plausibilitäts-Check: Werden mit dieser Lösung alle Bedürfnisse der beiden inneren Teile berücksichtigt?   Ja.

Im komplexen Umfeld kann es schwierig sein, alle Auswirkungen abzuschätzen. Gleichzeitig haben Entscheidungen, die wir heute im Führungsalltag treffen, Auswirkungen auf die Zukunft. Die Folgen der Entscheidungen wirken sich auf unsere Beziehungen, unsere wirtschaftliche Sicherheit, die Zukunft der nächsten Generationen aus. Da lohnt es sich einen Moment innezuhalten und Entscheidungen auf Kriterien hin zu überprüfen, die uns am Herzen liegen.

Wir haben die Erfahrung gemacht, dass Sie mit fünf Fragen die Qualität Ihrer Entscheidungen steigern können:

5. Welche Auswirkung hat die Entscheidung ...

    1. ... auf mich und mein Leben?

    2. ... auf mein Gegenüber?

    3. ... auf andere betroffene Personen?

    4. ... auf die Gesundheit der Umwelt?

Bleibe ich bei meiner Entscheidung oder gibt es etwas, das ich berücksichtigen will?

MANAGEMENT SUMMARY

Entscheidungen zu treffen wird dann anstrengend, wenn das Gefühl von innerer Zerrissenheit aufkommt. Es zeigt, dass wir mindestens zwei Seelen in der Brust haben, die sich für unterschiedliche Bedürfnisse stark machen und von denen wir gleichzeitig glauben, dass sie nicht vereinbar sind. Wenden Sie sich einfühlend den verschiedenen inneren Anteilen zu. So gelangen Sie von einem zermürbenden „hin und her" zur inneren Klarheit. Denn wenn Sie die verschiedenen Bedürfnisse erst einmal klar vor sich sehen, eröffnen sich neue Handlungsspielräume. Aus einem „Entweder-oder" wird oft ein „Sowohl-als-auch". Auch alltägliche Handlungen werden manchmal von verschiedenen inneren Stimmen kommentiert. Sie stehen für bedeutende Lebenserfahrungen und können in diesem Prozess produktiv genutzt werden.

10. Gespräche aus der Praxis

Mitarbeitendengespräche sind an der Tagesordnung, wenn es um einschneidende Veränderungen, Konflikte oder um das alltägliche Miteinander geht. Wir bieten Ihnen in den folgenden Rubriken einige Beispiele als Inspiration für Gespräche im Führungskontext an. Dabei haben wir Situationen ausgewählt, die in unserer Trainingspraxis oftmals als unangenehm beschrieben und deshalb gerne aufgeschoben oder vermieden werden. Zur einfacheren Lesbarkeit einiger Dialoge verwenden wir die Abkürzungen: FK – Führungskraft, VG – Vorgesetzte, MA – Mitarbeitende, TL – Teamleiter.

Durch Selbstklärung im vorgestellten Leitfaden (siehe Abschnitt 7.2) machen Sie sich klar, worum es Ihnen geht. Mit dieser Vorbereitung können Sie ökonomisch und human direkt den Kern des Anliegens ansprechen.

> „Führen ist vor allem das Vermeiden von Demotivation."
> *Reinhard Sprenger*

10.1 Delegieren

Arbeitsaufträge weiterzugeben gehört zu Ihrem Alltag. Sie zu erfüllen gehört zum Alltag der Mitarbeitenden. Oder nicht? Auf der partnerschaftlichen Ebene geben Sie Ihren Mitarbeitenden die Chance, aus freien Stücken zu kooperieren, statt aus der Haltung heraus: „Wenn der Chef das will, dann muss ich wohl." Oder: „So ein Unsinn, als ob ich nicht schon genug zu tun hätte." Menschen gestehen sich oft nicht selbst die Freiheit zu, Unliebsames anzusprechen. Da wird dann lieber geschwiegen oder mit Rückzug reagiert, wenn etwas gegen den Strich geht. Werden diese passiven Anzeichen für eine Störung nicht frühzeitig wahrgenommen, kann sich das zu Spannung oder Konflikten ausweiten. So können Sie diesem Verhalten vorbeugen:

„Unser Verkaufsleiter hat dem Kunden die Kreditzusage innerhalb von zwei Tagen zugesichert. Ich sehe, dass Sie bereits an einem komplexen Vorgang arbeiten. Jetzt bin ich etwas unruhig, da mir an verlässlichem Service liegt. Deshalb bitte ich Sie, dieses Engagement vorzuziehen und die Zusage bis morgen zu versenden. Wenn Sie dazu Fragen haben, kommen Sie bitte direkt zu mir. Einverstanden?"

10.2 Beharrlich Delegieren

Wenn es einmal nicht so wie vereinbart geklappt hat, braucht es Klarheit und Sicherheit in den Absprachen. Gelingt es Ihnen, Ihre Mitarbeitenden in Verantwortung zu nehmen, steigt die Verbindlichkeit und das Bewusstsein, dass es hier um eine wichtige Angelegenheit geht. Mit dem Perspektivenwechsel zur Gesprächsvorbereitung (siehe Abschnitt 7.1.2) haben Sie sich erinnert, dass der andere gute Gründe für sein Verhalten hat.

„Beim letzten eiligen Fall, für den Sie verantwortlich waren, erhielt der Kunde unsere Antwort nach dem vereinbarten Termin. Jetzt bin ich mir nicht sicher, ob es diesmal klappt. Mir ist wichtig, dass ich mich auf Vereinbarungen verlassen kann. Ich möchte jetzt von Ihnen hören, was Sie brauchen, um dem Kunden das Angebot bis zum 15. zu schicken.“

10.3 Anordnungen weitergeben

Die Weitergabe von Anweisungen der Geschäftsleitung braucht manchmal etwas Fingerspitzengefühl. Wie kommen diese bei Ihren Mitarbeitenden an? Möglicherweise hören Sie selten einen Widerspruch, doch fehlende Bereitschaft zeigt sich oftmals erst dann, wenn die gewünschten Arbeitsabläufe stockend laufen. Um dem vorzubeugen, braucht es Transparenz. Wenn Sie deutlich machen, dass Sie selbst die Verantwortung mittragen, können Sie schon im Vorfeld Widerstände ausräumen.

Vorstandsbeschluss Urlaubsplanung

Das folgende Beispiel aus unserer Praxis zeigt, wie Verantwortung bei der Weitergabe von Entscheidungen geleugnet wird:

„Der Vorstand hat beschlossen, dass ab sofort der komplette Jahresurlaub bis Jahresende genommen werden muss. Bitte planen Sie entsprechend und beantragen Sie Ihren Resturlaub in den nächsten zwei Wochen."

Die Folge dieser Anweisung waren Unmut im Team, Rückfragen bei der Arbeitnehmervertretung und anderen Geschäftsstellen, ob dies denn möglich und zulässig sei – zu Lasten von Arbeitszeit und Motivation.

Deshalb verschaffen Sie sich idealerweise zuerst selbst Klarheit darüber, aus welchen Gründen Sie möchten, dass Ihre Mitarbeitenden der Anordnung nachkommen. Weil sie „Direktiven von oben" befolgen? Oder weil sie Ihre Beweggründe verstehen können und gern etwas zum Wohl der Organisation und zum Erhalt der Arbeitsplätze beitragen? Hier wird deutlich, wie Sie Ihre eigene Mitverantwortung zeigen und auch die Ihrer Mitarbeitenden fördern können, indem Sie Transparenz schaffen und auch den Anliegen des Teams Raum geben.

So steigt die Chance, nachhaltige Lösungen zu finden, bei denen die Beteiligten an einem Strang ziehen.

„Der Vorstand hat beschlossen, dass die Urlaube künftig bis Jahresende genommen werden. Damit sollen die Bilanzrückstellungen verringert und ein besseres Unternehmensergebnis erreicht werden. Ich mache mir Sorgen, weil mir der Geschäftserfolg wichtig ist und ich möchte, dass jeder sein Mögliches dazu beiträgt. Deshalb bitte ich Sie, Ihren Resturlaub in den nächsten zwei Wochen zu planen. Wenn es im Einzelfall Probleme geben sollte, sprechen Sie mich bitte an. Haben Sie im Moment Fragen dazu?"

MANAGEMENT SUMMARY

Auch wenn unangenehme Nachrichten ohne Kommentar hingenommen werden, zeigt sich meist erst in den kommenden Arbeitsabläufen, ob die Mitarbeitenden wirklich dafür einstehen. Sie beugen Widerständen vor, indem Sie bestmögliche Transparenz schaffen. Zeigen Sie, was Sie persönlich an dieser Botschaft bewegt. Das macht deutlich, dass Sie dahinterstehen und die Verantwortung mit übernehmen. Es hilft Ihren Mitarbeitenden, zu wissen woran sie sind und was sie tun können, um die Entscheidung mitzutragen. Abgeschlossen mit einer Bitte, bauen Sie eine Brücke für Rückfragen, schließen Missverständnisse aus und geben Gelegenheit zur vollständigen Klärung.

10.4 Ärger produktiv wandeln

„Das ist das Ärgerliche am Ärgern: dass man sich damit selbst bestraft."
Ernst Ferstl

Kennen Sie den Frust, der entsteht, in emotionalem Stress gefangen zu sein? Wenn man sich in destruktiven Gedankengängen verstrickt? Und über immer wiederkehrende Vorwürfe nicht hinauskommt? Vielleicht haben Sie aber auch umgekehrt schon einen Ärgerausbruch Ihrer Mitmenschen miterlebt und hätten sich gewünscht, dass weniger Porzellan zerschlagen worden wäre?

Im aktiven Gefühlswortschatz sind Ärger und Wut vielen Menschen vertraut. Möglicherweise kennen Sie auch die Tendenz, Ärger als nicht gesellschaftsfähig zu halten und deshalb zu unterdrücken. Dieser Umgang mit Ärger bringt Menschen häufig dazu, ihn auf eine Art zu äußern, die im Nachhinein bedauert wird. Ärger ist das Ergebnis von Urteilen, die wir über uns selbst oder andere haben. Wir denken darüber nach, was jemand falsch gemacht hat oder wer schuld ist, wenn etwas nicht funktioniert. Anstelle die Lebensenergie darauf auszurichten, auf Bedürfnisse zu achten und sie zu erfüllen, verfolgen wir das Ziel, Menschen zu verurteilen, sie zu bestrafen, zynisch zu kontern oder ihnen wenigstens subtil einen Denkzettel zu verpassen. Das limbische System ist angesprungen und je nach Dosis des ausgeschütteten Adrenalins steht der Körper unter Spannung. Zusammen mit einer vernichtenden Gedankenladung bringt uns das im wahrsten Sinne des Wortes dazu, außer uns zu sein. Jedes weitere Wort wird in diesem Moment höchstwahrscheinlich nicht zur Verbesserung der Beziehung beitragen. Selbst wenn Sie diese urteilenden Gedanken jetzt nicht aussprechen, wird Ihr Gegenüber vermutlich eine nonverbale Anklage im Kontakt wahrnehmen. Die Chance, das zu bekommen, was wir brauchen, sinkt gegen Null.

Gleichzeitig ist Ärger ein wertvolles Alarmsignal: Er zeigt uns deutlich, dass unsere Bedürfnisse nicht erfüllt sind und dass es höchste Zeit ist, wieder mit sich in Verbindung zu kommen, um die verlorene Schaffenskraft wieder verfügbar zu machen.

Wir haben die Wahl – emotionaler Stress oder Handlungsenergie

Die Art, wie wir das Verhalten anderer interpretieren, bestimmt unser Befinden bei Ärger. Erinnern Sie sich auch an die Leiter der Schlussfolgerungen (Abschnitt 6.1), wie unsere emotionale Verfassung sich mit jedem Schritt weiter zuschnüren kann. Das ist so, als würde man innerlich einen Horrorfilm anschauen. Das Kopfkino ist aktiviert und beansprucht einen Großteil unserer Aufmerksamkeit. Nicht das, was Menschen tun, macht uns wütend, sondern unsere beurteilenden Gedanken, Urteile, Interpretationen und Überzeugungen über den anderen. Marshall Rosenberg nennt dies auch eine verzerrte Ausdrucksform unerfüllter Bedürfnisse.

> „Ärger zeigt mir zwei Dinge: Ich bekomme nicht, was ich will und
> ich gebe jemand anderem die Schuld dafür."
> **Marshall Rosenberg**

Wir können Ärger nutzen, um unsere Leistungsfähigkeit wiederherzustellen. Um den Ärger vollständig ausdrücken und wandeln zu können, braucht es die Fokussierung auf die Bedürfnisse, die zu kurz kamen. Da dies bei starken Emotionen manchmal schwierig sein kann, wird der Vier-Schritte-Prozess mit einem weiteren Raum für das Kopfkino ergänzt. Unsere Klienten wählen dazu unterschiedliche Wege, z.B. mündlich mit dem Diktiergerät oder schriftlich. Sie schildern uns, dass Sie manchmal ihren ganzen Ärger und das damit verbundene Kopfkino aufschreiben – bis nichts Neues mehr in den Sinn kommt. Dann lesen Sie sich den Text nochmals durch. In den niedergeschriebenen Worten finden Sie Hinweise auf mögliche Bedürfnisse. Wenn jemand zum Beispiel schreibt: „Das ist eine Frechheit, mich einfach zu übergehen!", dann könnte das ein Hinweis darauf sein, dass sich die Person Mitbestimmung wünscht. Oder wenn jemand sagt: „Ich bin wütend, weil mir der Kollege wichtige Informationen vorenthalten hat", dann könnten die Bedürfnisse nach Orientierung oder Einbezogen-werden zu kurz kommen. Sind die Bedürfnisse erst einmal aufgeschlüsselt, dann flacht die Wut ab und es entsteht eine innere Motivation, etwas für die Erfüllung der eigenen Bedürfnisse zu unternehmen. Konflikte lassen sich ohne Ärger viel konstruktiver ansprechen.

Emotionalen Stress auflösen – Ärger als Chance nutzen, um leistungs- und handlungsfähig zu werden:

Ärger produktiv wandeln	„Ich bin ärgerlich, wütend, stinksauer!!"
Beobachtung:	Erkennen Sie den Auslöser für Ihren Ärger, ohne ihn mit Bewertungen zu vermischen. *Seit vier Monaten warten wir Abteilungsleiter auf die Entscheidung unseres Bereichsleiters zur Reorganisation seiner Einheit. Er hat die Aufgabe übernommen, obwohl sie nicht in seinen Aufgabenbereich fällt. Ich habe ihm drei Vorschläge dazu ausgearbeitet, wie man die Organisation neu ausrichten könnte und jetzt sagt er, dass er alles so lassen will.*

Ärger produktiv wandeln	„Ich bin ärgerlich, wütend, stinksauer!!"
Kopfkino: Der zentrale Teil: Seien Sie ausführlich, denn jedes Urteil ist ein Wegweiser zu einem Bedürfnis	Werden Sie sich der Gedanken bewusst, die Sie wütend auf eine andere Person gemacht haben. Was sagen Sie sich selbst in diesem Moment über die andere Person? *Das ist doch unglaublich, er hat uns versprochen, dass er uns über die Neuausrichtung auf dem Laufenden hält.* *Er sagt, dass er sich darum kümmert und weiß nicht einmal, wie und wann. Ich habe mir die Zeit dazu aus den Rippen geschnitten und er macht überhaupt nichts. Das ist verantwortungslos!* *Unsere ganze Abteilung hängt daran und wir kommen nicht vorwärts mit unserer Arbeit. Keiner weiß, was hier eigentlich läuft. Wahrscheinlich will er es einfach aussitzen. Da muss doch endlich etwas getan werden!*
Bedürfnis:	Wandeln Sie die verurteilenden Gedanken in Bedürfnisse um: Für welche Bedürfnisse wollen Sie sich einsetzen? *Verlässlichkeit, Einhalten von Absprachen, Aufrichtigkeit, Integrität, Würdigung meiner Arbeit, an einem Strang ziehen, Effizienz, sinnvolles Tun, Transparenz, Verstehen können, Wissen woran man ist, Einbezogen sein, Vorwärtskommen.* Welche dieser Bedürfnisse sprechen Sie am meisten an? *Würdigung meiner Arbeit, Verstehen können*
Befinden:	Wie fühlen Sie sich jetzt, in Kontakt mit diesen Bedürfnissen, die in der Ausgangssituation zu kurz gekommen sind? *Frustriert, traurig, erschöpft, müde, unruhig, ungeduldig*
Bitte:	Welche Bitte könnten Sie jetzt an sich selbst haben? *Darauf spreche ich ihn in dieser Woche an und bitte ihn, mir zu sagen, (wie ihm meine Vorschläge gefallen haben und) was ihn dazu bewegt, so zu handeln.*

Dieser Prozess führt Sie vom Außer-sich-sein hin zu Ihrer innerlichen Befindlichkeit. Wenn Sie in Schritt vier immer noch ausschließlich Ärger verspüren, ist das ein ernst zu nehmendes Signal dafür, dass das Kopfkino noch nicht genügend gehört wurde. Erlauben Sie sich, den zweiten Schritt so lange zu wiederholen, bis alle Urteile auf dem Tisch liegen und in Bedürfnisse übersetzt werden können. Sie kommen damit wieder in Kontakt mit Ihrem inneren Motor. Mit dieser Energie können Sie jetzt Ihre Anliegen klar und verständlich ausdrücken. Ihr Gegenüber wird mit viel größerer Wahrscheinlichkeit entgegenkommend reagieren.

Wenn es mal schnell geht – den Notausgang finden

Mit genügend Training können Sie diesen Prozess nach einigen tiefen Atemzügen in kurzer Zeit innerlich durchlaufen. Bis es soweit ist, braucht es andere Strategien, um sich Luft zu verschaffen und sich klar darüber zu werden, was sich innerlich abspielt. Vielleicht haben Sie vertraute Kollegen, die Ihnen dazu Beistand leisten. Wenn nicht, nehmen Sie sich eine Auszeit, indem Sie aufrichtig ansprechen, was Sie umtreibt. „Ich brauche jetzt eine Auszeit, um für mich Klarheit zu schaffen. Ich befürchte sonst, dass wir im Gespräch nicht weiterkommen." Finden Sie realisierbare Schritte, wie Sie sich im Alltag Zeit und Raum für diese Selbstklärung nehmen. Ist Ihr Empathie-Akku dann wieder aufgefüllt, agieren Sie gestärkt und bewusst, anstatt aus einem destruktiven Verhaltensmuster.

MANAGEMENT SUMMARY

Ärger bremst unsere Leistungsfähigkeit aus, weil er die Aufmerksamkeit darauf richtet, das Verhalten anderer zu bewerten und sie dafür zu bestrafen. Statt den Fokus darauf zu richten, was wir brauchen, sind wir im wertenden Denken von unserer Lebensenergie abgeschnitten. Jedes weitere Wort belastet jetzt vermutlich den Kontakt und kann selbst nonverbal als Anklage verstanden werden. Gleichzeitig ist Ärger ein Warnsignal, um verlorene Leistungskraft zu reaktivieren. Durch Erlauben Ihrer inneren Urteile in der Selbstklärung können Sie wieder mit dem Motor, Ihren Bedürfnissen, in Kontakt kommen. Sie lösen damit emotionalen Stress auf und können danach gestärkt und bewusst agieren.

10.5 Kritikgespräch

𝔘nbedachte Kritik kann nicht nur den Arbeitsfrieden stören, sondern auch zu Missverständnissen und Spannungen führen. Aus der Überzeugung heraus, dass jemand etwas falsch gemacht hat, sind Vorwürfe, Schuldzuweisungen und Rechtfertigungen vorprogrammiert. Auch ein vermeintlich gut gemeinter, schonender Gesprächseinstieg kann in die Irre führen:

„Herr Gerstner, das Protokoll von Ihnen finde ich nicht so optimal. Kann es sein, dass Sie da nicht so ganz bei der Sache waren?" – „Wieso, ich finde es gut." – „Da fehlen ja mehrere Dinge aus dem Meeting." – „Das kann ja mal passieren, dass man etwas vergisst." – „Ich möchte, dass das nicht noch einmal vorkommt."

Werden Sie sich bewusst, dass es bei einer Kritik nicht darum geht, Vorwürfe loszuwerden, sondern sich für seine Anliegen einzusetzen, ohne die Beziehung zu beschädigen. Dann kann Kritik in Lernchancen für beide Seiten gewandelt werden. Für Sie selbst, weil Sie sich vorher klar machen, worum es Ihnen wirklich geht. Für die andere Person, weil Sie ihr eine Chance geben, zur Erleichterung ihres Alltags beizutragen. Sehen Sie die guten Absichten Ihres Gegenübers. Erinnern Sie sich, dass Fehler in der Wertschätzenden Kommunikation als Abweichungen vom gewünschten Ergebnis definiert werden. Jetzt kann die Aufmerksamkeit dem folgen, was Sie erreichen möchten. Wieder geben die vier Schritte einen klaren Handlungsrahmen. Je zeitnaher Sie Ihr Anliegen unter vier Augen ansprechen, desto klarer können Sie die auslösenden Beobachtungen konkret benennen. Das gibt Ihrem Gegenüber Orientierung:

„Herr Gerstner, in Ihrem Protokoll vom gestrigen Meeting suche ich vergeblich zwei Punkte, die wir besprochen hatten: die neuen Kundensprechzeiten und den Modus für die Besetzung im Team. Das irritiert mich, denn ich brauche Klarheit, damit jeder weiß, woran er ist. Bitte ergänzen Sie das noch."

MANAGEMENT SUMMARY ─────────────────────────────

Im Kritikgespräch Fehler und Schuldige zu suchen, führt meistens in die Sackgasse. Lenken Sie stattdessen Ihre Aufmerksamkeit darauf, was Sie in Abweichung vom gewünschten Ergebnis jetzt erreichen wollen. Im gleichwertigen Kontakt auf Augenhöhe können Sie human und treffend auf den Punkt kommen und abschließend in die Handlung führen.

10.6 Grenzen wahren – heikle Themen ansprechen

Die Haltung der Wertschätzenden Kommunikation gibt uns täglich die Wahl, wie wir anderen begegnen wollen, um eine Basis der menschlichen Gleichwertigkeit zu schaffen. Kennen Sie das? Eine Person, die Ihnen täglich begegnet, gibt Anlass zum Unwohlsein, durch ihre Parfümierung, deutlichen Körpergeruch, unpassende Kleidung oder lautstarke Sprache. Die Kollegen rundum hat das auch schon zum Schmunzeln und Tuscheln verleitet, doch keiner möchte so direkt ran. Hier können Sie sich fragen, möchte ich „nett" oder „ehrlich" sein? Was hindert mich, Unangenehmes anzusprechen? Die Angst vor Zurückweisung oder dass ich den anderen verletzen könnte? Da scheint es einfacher, die Luft anzuhalten und darüber hinwegzusehen, obwohl die ständige Erinnerung nicht ausbleibt und beim Arbeitsklima buchstäblich dicke Luft verursacht. Häufig verlieren wir in dieser Beklemmung den Blick dafür, dass wir unserem Gegenüber durch Aufrichtigkeit mit Respekt begegnen können, statt die Person zu schonen. Letzteres würde bedeuten, den anderen nicht ernst zu nehmen und damit würde ein Gefälle in der Beziehung entstehen. So können Sie anderen zutrauen, mit Ihrer Botschaft umzugehen:

Kollegen auf Körpergeruch ansprechen:

MA: *„Ich möchte etwas Persönliches mit Ihnen besprechen, das mir nicht leicht fällt, weil es mir unangenehm ist. Gleichzeitig liegt mir daran, offen und aufrichtig miteinander umzugehen. Darf ich Ihnen sagen, worum es mir geht?"*

Kollege: *„Jetzt haben Sie mich schon neugierig gemacht, worum geht's denn?"*

MA: *„Wenn ich in Ihr Büro komme, nehme ich deutlichen Körpergeruch wahr. Das ist mir in den letzten Wochen mehrfach passiert und ich fühle mich unwohl. Mir geht es da um Leichtigkeit und ich möchte mich wohlfühlen im täglichen Umgang. Wie geht es Ihnen damit, wenn ich das sage?"*

Kollege: *„Ist das denn so schlimm? Davon hat mir noch niemand hier etwas gesagt. Naja, traut sich vielleicht keiner. O.k., ich versuche mal, darauf zu achten. Gut, dass Sie ehrlich waren."*

MA: *„Jetzt fällt mir ein Stein vom Herzen, dass es so ankam, wie ich es gemeint habe. Das freut mich."*

MANAGEMENT SUMMARY

Heikle Themen bieten die Gelegenheit, das zu leben, was Ihren Werten entspricht. Fassen Sie sich ein Herz und benennen Sie zuerst Ihr Unbehagen, das Sie daran hindert, mit der Tür ins Haus zu fallen. Das zeigt Sie als Mensch und dass Ihnen an der Beziehung liegt. Sie vermeiden damit, dass Raum zu Spekulationen und Urteilen entsteht und über die Person, statt mit ihr gesprochen wird. Innere Impulse, wie z.B. schonend mit jemandem umzugehen, sind wertvolle Hinweise darauf, sich zu fragen: „Nehme ich den anderen wirklich ernst? Traue ich ihm zu, mit meiner Aufrichtigkeit umzugehen? Hat er die Chance, seinen Verantwortungsbereich auszufüllen?" So können Sie sich entscheiden, ob Sie durch aktives Handeln wieder Gleichwertigkeit in die Beziehung bringen wollen.

10.7 Konstruktiver Umgang in der Gerüchteküche

In der Kaffeepause, auf dem Gang, im Aufzug – überall wird geredet, findet Austausch statt. Was aber tun, wenn Sie merken, dass über andere Kolleginnen und Kollegen geklatscht wird? Was tun, wenn in der Gerüchteküche Verbündete gesucht werden, über andere Menschen hergezogen wird und Konflikte nicht offen angesprochen werden? Mit Klarheit und Offenheit können Sie bewirken, dass Mitarbeitende untereinander respektvoller umgehen. Gerade in angespannten Situationen, wenn auch die Angst um den Arbeitsplatz zunimmt, können Sie mit Ihrem eigenen Verhalten vorleben, welchen Umgang Sie sich in Ihrem Team wünschen und aktiv Mobbing vorbeugen.

Zutragen von Informationen über Dritte

Die Mitarbeiterin (MA) Frau Kleber, bemängelt bei Ihrem Teamleiter (TL), dass eine Kollegin während der Arbeitszeit private Gespräche führt:

MA: *„Es geht um Frau Thomann. Sie steht jeden Tag auf dem Gang und unterhält sich privat. Jetzt wurde ich schon öfter von den Kollegen darauf angesprochen, dass das langsam zu viel wird. Ich weiß gar nicht, wieso die das ausgerechnet MIR sagen, das ist mir ja auch unangenehm. Können Sie sich hier mal einschalten?"*

TL: *„Frau Kleber, erstmal möchte ich Ihnen danken, dass Sie mit der Angelegenheit zu mir kommen. Zu hören, dass Kollegen deshalb auf Sie zukommen und in Abwesenheit von Frau Thomann über ihr Verhalten gesprochen wird, beunruhigt mich, weil mir Offenheit und Transparenz wichtig sind."*

MA: *„Also nehmen Sie sich der Sache an?"*

TL: *„Zuerst möchte ich mich mit Ihnen darüber unterhalten, wie es Ihnen geht, wenn Sie sehen, dass eine Mitarbeiterin auf dem Gang private Gespräche führt. Sind Sie da verärgert, weil es Ihnen wichtig ist, dass alle am gleichen Strang ziehen und die Arbeitslast gleichermaßen auf alle Schultern verteilt wird?"*

MA: *„Ja natürlich – es ist Ultimo und wir stecken bis über beide Ohren in den Quartalsabschlüssen. Wenn nicht alle zusammen anpacken, dann müssen wir abends Überstunden machen. Wir werden hier für unsere Arbeit bezahlt und nicht für Privatgespräche!"*

TL: *„Ja, ich kann gut verstehen, dass Sie sich da die Mitarbeit von allen Beteiligten wünschen und gerne auch achtsam mit den zeitlichen Ressourcen umgehen wollen."*

MA: *„Ja, und dann kommen alle noch zu mir und beklagen sich über Frau Thomann – weil sie ihre Arbeiten nicht termingerecht abliefert. Was kann ich denn dafür! Am Schluss bleibt alles an mir hängen."*

TL: *„Also wenn Sie sehen, dass andere Mitarbeiter zu Ihnen kommen, und sich über die Arbeit von Frau Thomann beklagen, sind Sie da irritiert, weil ihnen Aufrichtigkeit wichtig ist? Und hätten Sie am liebsten, dass die Kollegen Frau Thomann direkt ansprechen würden, wenn ihnen etwas nicht passt?"*

MA: *„Ja genau, die sollen das doch direkt ansprechen!"*

TL: *„Was heißt das jetzt für Sie?"*

MA: *„Was das für mich heißt? Dass ich den Kollegen sage, dass Sie Frau Thomann direkt darauf ansprechen sollen. Das bringt ja nichts, wenn wir nur hinten herum reden."*

TL: *„Das gefällt mir. Und gibt es auch etwas, das Sie tun könnten, wenn Sie Frau Thomann wieder auf den Gang sprechen sehen?"*

MA: *„Ja, ich warte gar nicht mehr so lange. Ich werde mit ihr heute Nachmittag in die Kaffeepause gehen und Sie fragen, was los ist. Und dann werde ich ihr auch sagen, dass ich mir ein Gemeinsames-am-Strang-ziehen wünsche."*

TL: *„Vielen Dank Frau Kleber – ich freue mich, dass Sie das jetzt so aktiv angehen. Ich bin ganz sicher, dass Sie das Problem so selbst lösen können und damit zur Aufrichtigkeit in unserem Team beitragen."*

Wenn Menschen sich über andere beklagen, hat das immer mit unerfüllten Bedürfnissen zu tun. Gelingt es im Gespräch, den Fokus auf die Bedürfnisse der Klagenden zu lenken, ist die Wahrscheinlichkeit groß, dass diese selbst eine Lösung finden und wieder handlungsfähig werden. Konzentrieren Sie sich deshalb im Gespräch nicht auf die Drittperson, sondern auf das Erleben der erzählenden Person.

MANAGEMENT SUMMARY

Gespräche hinter vorgehaltener Hand über Drittpersonen bergen eine große Konfliktgefahr. Das Lästern über andere manifestiert innere Feindbilder und ehe man sich versieht, klettert man die Eskalationsstufen hinauf. Deshalb ist es wichtig, die Gerüchteküche zu stoppen und die Menschen wieder an ihre eigenen Bedürfnisse zu erinnern. Anstatt auf den abwesenden Dritten, konzentrieren Sie sich deshalb auf das Erleben der erzählenden Person. Daraus entsteht eine Kraft, die Menschen wieder selbstverantwortlich handeln lässt und Sie als Führungskraft werden damit nicht zum „Kindermädchen", das die Konflikte aller anderen lösen muss.

10.8 Wertschätzung ausdrücken

Mangelnde Wertschätzung ist in 360-Grad-Feedbacks der häufigste Kritikpunkt von Mitarbeitenden an ihre Führungskräfte. Menschen wollen mit ihrem Engagement und ihrer Arbeit gesehen werden. Doch so lange alles funktioniert, fällt Leistung nicht weiter auf. Erst dann, wenn sie wegfällt oder Projekte nicht zufriedenstellend laufen, zieht sie Aufmerksamkeit an. Das mag ein Grund dafür sein, weshalb sich der Fokus auch im Arbeitsalltag öfter auf den Mangel richtet, statt auf das, was gut gelaufen ist. Dabei liegt das Potenzial des Wachstums darin, worauf wir unsere Aufmerksamkeit richten. Und wenn dann doch mal gelobt wird, dann ist es auch wieder nicht recht, weil es sich unangenehm anfühlt, peinlich ist oder mit Misstrauen gehört wird. Das muss aber nicht sein.

10.8.1 Lob als manipulatives Aufputschmittel

Loben wird oft als Aufputschmittel für Mitarbeitende angesehen, in der Annahme, dass es die Motivation und damit auch Leistung steigert. Es wird damit gerne als Mittel zum Zweck eingesetzt. Zum einen, weil man vielleicht gelernt hat, mit einem Lob gleich zu einer neuen Aufgabe zu motivieren oder weil man das Lob nutzt, um eine Kritik an den Mann oder die Frau zu bringen.

Stellen Sie sich vor, Sie haben sich überreden lassen, eine Präsentation zu machen. Wie geht es Ihnen, wenn Sie daraufhin folgende Bewertung hören: „Ihre Präsentation ist super gelaufen. Sie können das wirklich am besten!"? Oder: Wie ist Ihr Befinden, wenn Ihr Vorgesetzter möchte, dass Sie mit einem Kunden sprechen, um den andere Kollegen gern einen großen Bogen machen und wenn er Ihnen dazu sagt: „Der Kunde ist doch so begeistert von Ihnen. Sie schaffen bestimmt auch diesmal einen guten Abschluss." Oder: Erfahrungsgemäß werden die künftigen Jahresziele jeweils angehoben. Was denken Sie sich, wenn Sie folgende Aussage hören: „Sie haben im letzten Jahr ein tolles Cross-Selling-Ergebnis erreicht und ich bin stolz auf Ihre Produktivität und das qualitativ sehr gute Geschäft." ... Als Empfänger dieser Arten von Lob könnten Sie sich jetzt skeptisch fragen, was wirklich dahinter steckt. Will jemand mehr von dem, was Sie tun? Werden dann gleich die neuen, höheren Jahresziele präsentiert? Oder geht es ihm wirklich um Ihre Person? Ist diese Rückmeldung echt oder wird sie als Manipulation verwendet?

Wie würden Sie reagieren, wenn Sie unter dem Deckmantel „konstruktive Kritik" so eine Rückmeldung bekämen: „Herr Baumann, Sie haben Ihre Kommunikation mit den Kunden stark verbessert. Gratulation! Aber die Art und Weise, wie Sie mit Ihren

Kolleginnen und Kollegen sprechen, lässt nach wie vor zu wünschen übrig. Da müssen Sie noch freundlicher werden!" Wo liegt jetzt der Fokus Ihrer Aufmerksamkeit? Haben Sie nicht schon beim Beginn der Aussage auf das dicke Ende gewartet? Die Verknüpfungstechnik von einer positiven Nachricht mit einer negativen hat zur Folge, dass viele Menschen die positive Nachricht gar nicht mehr aufnehmen können, weil sie in Alarmbereitschaft auf den Satz nach dem Lob warten.

Loben kann auch deshalb zu einer heiklen Angelegenheit werden, weil es ein Gefälle in die Beziehung bringt. In der Regel wird von oben nach unten gelobt und so kann Schulterklopfen auch als Gestik der Macht verstanden werden. Hand aufs Herz: Würden Sie Ihrem Vorstand sagen, dass er seine Arbeit gut gemacht hat? Oder wie ist Ihr Befinden, wenn Ihnen die Vorgesetzte sagt, dass Sie etwas gut gemacht haben? Bestimmt nicht damit Ihre Chefin, was gut und richtig ist? Sie müssen dann das Urteil über sich ergehen lassen. Kennen Sie den schalen Beigeschmack, der dabei entsteht – selbst wenn es eine positive Rückmeldung ist? Kennen Sie den Reflex, der versucht, das Lob abzuschütteln, indem gesagt wird: „Nicht der Rede wert! War ja nur mein Job."? Umgekehrt kann es auch sein, dass die Form des Lobens abhängig und süchtig macht. So gibt es viele Menschen die gelernt haben „gut zu funktionieren" und sich bei ihrer Leistung hauptsächlich am Lob und der Anerkennung von oben orientieren. Dies hat fatale Folgen für Unternehmen, denn so werden unselbständige, lobsüchtige Mitarbeitende kultiviert, die keine Verantwortung für ihr Handeln übernehmen und angepasst einfach tun, was von oben gefordert wird. Dabei könnte das verborgene Potenzial, das im selbständigen und eigenverantwortlichen Arbeiten liegt, viel besser genutzt werden.

10.8.2 Dankbarkeit und Wertschätzung als innerer Antrieb

Wird man sich der Zusammenhänge zwischen Loben und Manipulieren bewusst, stellt sich die Frage, wie kann das menschliche Bedürfnis „gesehen zu werden" erfüllt werden, ohne in ein Gefälle auf der Beziehungsebene zu geraten.

Ihre innere Motivation macht den Unterschied in der Wertschätzenden Kommunikation aus. Stellen Sie sich selbst die Frage: „Warum spreche ich ein Lob aus, was möchte ich damit erreichen?" Möchte ich, dass der andere als Gegenleistung etwas für mich tut, sich vielleicht irgendwo hinbewegt, wo ich befürchte, dass er aus freien Stücken nicht hingehen würde? Oder möchte ich meinem Gegenüber ganz einfach meine Dankbarkeit ausdrücken, weil es etwas getan hat, was mir das Leben erleichtert? Bei echter Dankbarkeit drücken wir aus, was uns bewegt, wenn unsere Anliegen erfüllt worden sind. Unsere Absicht ist dabei die wertschätzende Verbindung. Das bringt uns und andere in den Kontakt mit den Bedürfnissen, zum Leben anderer beizutragen und etwas Sinnvolles im Leben zu tun. Die Freude, die dadurch entsteht, gibt eine innere Antriebskraft und hat eine motivierende Wirkung, die von innen kommt.

Wenn Sie sich entschließen, aus Dankbarkeit und Freude Ihrem Gegenüber eine Wertschätzung auszudrücken, können Sie auf der Ebene der Gleichwertigkeit bleiben, indem Sie mehr über sich sagen, als über Ihr Gegenüber. Ohne zu bewerten, sprechen Sie auf Augenhöhe in vier Schritten an, mit welchem Verhalten der andere zu Ihrer Zufriedenheit beigetragen hat.

Beobachtung	1. Was genau hat der andere gesagt oder getan, was mich dankbar macht?
Befinden	2. Welches Befinden löst das bei mir aus?
Bedürfnis	3. Welche Bedürfnisse haben sich damit für mich erfüllt?
Danke	4. Wie möchte ich mich bedanken?

Hier drei Beispiele dazu:

„Sie haben mir heute das Protokoll von der gestrigen Sitzung geschickt. Es beinhaltet alle neun Themen und Ergebnisse, in denen mir wichtig ist, weiterzukommen. Darüber freue ich mich und ich bin erleichtert, weil mir das Klarheit und Unterstützung für unser Team gibt. Vielen Dank.“

„Sie sind bei der Präsentation Ihres Produktes auf meine Fragen eingegangen und haben mir aufgezeigt, wie ich diese Software bei meinen täglichen Herausforderungen einsetzen

kann. Ich freue mich darüber, weil ich Klarheit und Sicherheit beim Kauf der neuen Software brauche. Bitte sagen Sie mir, was uns der Einsatz Ihres Produktes kosten würde. "

„Als ich gestern zum Kunden loseilte, bist du mir mit meinem Blackberry hinterhergerannt und hast mir das Ding noch in die Hand gedrückt. Ich bin so froh darüber und auch erleichtert, weil ich Klarheit für meine Termine brauche und für Kunden erreichbar sein möchte. Vielen Dank!"

Welche Auswirkungen kann diese Art der Wertschätzung auf die Führungskultur haben? Wir bekommen das, was wir über bewusstes und unbewusstes Verhalten vorleben. Richten wir den Blick auf das, was nicht funktioniert, verleiten wir Mitarbeiter dazu, keine Abweichung zu riskieren und nicht aufzufallen. Eine Vermeidungskultur also, die eigenverantwortliches Handeln lähmt. Wenn Sie als Führungskraft Ihre Beobachtungsgewohnheiten ändern, erkennen Sie, welche Personen den Alltagsbetrieb im Unternehmen am Leben erhalten. Durch klare Rückmeldung geben Sie Ihren Mitarbeitenden die Chance, weiter das zu tun, was die Organisation ausmacht. Damit leben Sie eine Kultur vor, die andere in ihrer Initiative, Aktivität und Eigenverantwortung bestärkt.

> **„Verantwortlich ist man nicht nur für das, was man tut,**
> **sondern auch für das, was man nicht tut. "**
> *Laotse*

10.8.3 Was tun, wenn Wertschätzung ausbleibt?

Vielleicht haben Sie auch schon von Teams gehört, in denen die Stimmung am Boden und Wertschätzung ein Fremdwort ist? Jeder arbeitet stumm vor sich hin und ist sich vielleicht nicht im Klaren, was ihm genau fehlt. Mangelnde wertschätzende Rückmeldungen tragen dazu bei, dass man selber äußerst sparsam damit umgeht. Hoher Leistungsdruck in vielen Organisationen trägt zusätzlich zu einer stressbedingten Kommunikations-Verknappung bei. Man geht fälschlicherweise davon aus, dass die unausgesprochene Botschaft „Wenn ich nichts sage, passt es schon" auch so verstanden wird. Damit beschränkt sich die Kommunikation auf das, was nicht funktioniert, was sich wiederum nicht förderlich auf das Arbeitsklima auswirkt. Statt den Blick auf den Mangel zu richten, könnte man sich Folgendes bewusst machen:

Wir alle haben das Bedürfnis nach Wertschätzung und wollen mit unseren Beiträgen zum Erfolg gesehen werden. Dabei sind wir auf unsere Mitmenschen angewiesen. Natürlich können wir Erfolge auch selbst feiern, doch dies mit Mitmenschen zu tun, ist von besonderer Qualität. Was aber tun, wenn die Wertschätzung ausbleibt? Wollen Sie bis zum nächsten Jahresgespräch warten, in der Hoffnung, Ihr Vorgesetzter sieht schon, dass Sie gute Arbeit leisten? Übernehmen Sie die Verantwortung für Ihr Bedürfnis nach Wertschätzung. Holen Sie sich aktiv die Rückmeldung, die Sie haben möchten und verwenden Sie „Feedbackbitten", die im Abschnitt 6.4 beschrieben sind.

Hier weitere Beispiele dazu:

„Ich habe heute Morgen die Produktpräsentation für unseren neuen Kunden gemacht. Jetzt bin ich neugierig, wie sie auf andere wirkt und hätte gern Feedback. Bitte sagen Sie mir, was hat Ihnen an der Präsentation gefallen?"

„Im letzten Jahr hatten Sie sich im Verkauf wiederholt Unterstützung bei der Vorprüfung der Kundenanfragen gewünscht. Seit sechs Monaten beantworten wir diese Fragen durch eine speziell für Sie eingerichtete Hotline. Gern wüsste ich, inwieweit Ihnen das für Ihre Arbeit nützlich ist."

MANAGEMENT SUMMARY

Menschen wollen Freude an ihrer Arbeit haben und mit ihr einen sinnvollen Beitrag leisten. Der menschlichen Natur entspricht es, zum Wohlergehen anderer beizutragen. Gleichzeitig möchten Menschen auch, dass sie mit ihrem Engagement gesehen werden. Je konkreter Mitarbeitende hören, welche ihrer Handlungen auf angenehme Resonanz stoßen, desto größer wird die Bereitschaft, dies weiter zu tun. Ob Wertschätzung eine motivierende Wirkung hat, hängt ganz von Ihrer Absicht ab: Nutzen Sie die Wertschätzung als Mittel zum Zweck um eine Leistung zu erhalten (verdeckte Forderung), wird mit Skepsis und Unbehagen darauf reagiert. Ist jedoch Ihre Absicht hinter dem Dank die wertschätzende Verbindung und das Feiern von alltäglichen kleinen und großen Erfolgen, werden Sie merken, wie die Bereitschaft, zum gemeinsamen Erfolg beizutragen, wächst und die Beziehung gestärkt wird.

10.9 Nein sagen – Grenzen setzen ohne zu verletzen

Klare Worte zu sprechen ist eine Ihrer Aufgaben und dennoch – sind Sie einem deutlichen Nein schon einmal aus dem Weg gegangen, weil Ihnen die möglichen Konsequenzen unangenehm waren? Oder umgekehrt: Hatten Sie bereits einmal die innere Überzeugung, dass nur ein deutliches Nein die Situation verändern kann? Es gibt Gründe, die es erschweren, Farbe zu bekennen. Meistens deshalb, weil wir Muster erlernt haben, die Höflichkeit vor Klarheit stellen. Vielleicht auch deswegen, weil wir Harmonie wahren und die Beziehung nicht gefährden wollen oder unsicher sind vor der befürchteten (emotionalen) Reaktion des anderen.

Was bedeutet das auf der wirtschaftlichen Seite? Eine verlängerte Probezeit mit anschließender Übernahme zum Beispiel – an Stelle klarer Aussagen zur Leistungseinschätzung – kann langjährige Kosten nach sich ziehen. Frustrierte Mitarbeitende ebenfalls, die sich auf eine Zusage zur Laufbahnentwicklung verlassen haben und jetzt merken, dass diese ein leeres Versprechen war. Ein aufrichtiges Nein in der WSK bedeutet, die Bedürfnisse offenzulegen, die uns davon abhalten, Ja zu sagen. Damit zeigen wir uns als Mensch und geben dem anderen die Möglichkeit uns zu verstehen. Mit einer Bitte abgeschlossen, signalisieren wir, dass wir trotzdem daran interessiert sind, dass die andere Person ihre Bedürfnisse erfüllt bekommt.

Beförderung ablehnen

FK: *„Herr Peters, Sie haben mich jetzt zum zweiten Mal in diesem Jahr auf die Ausweitung Ihrer Vollmachten angesprochen. Ich sehe seit unserem letzten Mitarbeiter-Entwicklungsgespräch keine entscheidende Veränderung in Ihrer Leistung. Die Produktion liegt unter dem Durchschnitt der Abteilung und bei etwa einem Viertel Ihrer Vorgänge gibt es Beanstandungen. Das bedaure ich, weil mir daran liegt, dass alle im Team ihre Verantwortungsräume weitestmöglich nutzen können. Gleichzeitig brauche ich das Vertrauen, dass eine gewisse Arbeitsqualität gewährleistet ist, die ich derzeit bei Ihnen nicht sehe. Deshalb werde ich die Beförderung im Augenblick nicht befürworten. Wie geht es Ihnen damit?"*

MA: *„Ich warte jetzt schon so lange. Die anderen Kollegen haben ihre Handlungsvollmacht schon nach einem Jahr bekommen. Außerdem habe ich durch mein Studium bessere Voraussetzungen mitgebracht."*

FK: *„Sicher sind Sie enttäuscht, weil Sie mit Ihrer Erfahrung gesehen werden möchten und auch sicher sein wollen, dass alle gleich behandelt werden? Ich möchte Ihnen noch einmal die Arbeitsergebnisse des letzten Halbjahres aufzeigen, damit Sie eine Einschätzung haben. Beim nächsten Entwicklungsgespräch werden wir eine Zielvereinbarung treffen, als Orientierung für Ihre nächsten Schritte.“*

Leitfaden: Nein-Sagen, die fünf B	
Bedürfnis	**Der Perspektivenwechsel in Kurzform:** Erforschen und benennen Sie die möglichen Bedürfnisse Ihres Gesprächspartners. Damit signalisieren Sie, dass Sie die Bitte wirklich gehört haben und ernst nehmen. *„Herr Peters, geht es Ihnen darum, vorwärts zu kommen und dass Ihre Erfahrungen gesehen werden?“*
Beobachtung	*„Ich sehe seit unserem letzten Entwicklungsgespräch keine Veränderung in Ihrer Leistung. Die Produktion liegt unter dem Durchschnitt der Abteilung und bei etwa einem Viertel Ihrer Vorgänge gibt es Beanstandungen.“*
Befinden	*„Das bedaure ich, …*
Bedürfnis	Was Sie davon abhält, Ja zu sagen: *… weil mir daran liegt, dass alle im Team ihre Verantwortungsräume weitestmöglich nutzen können. Gleichzeitig brauche ich das Vertrauen, dass eine gewisse Arbeitsqualität gewährleistet ist, die ich derzeit bei Ihnen nicht sehe.*
Bitte	Wozu Sie Ja sagen können: *Deshalb werde ich die Beförderung im Augenblick nicht befürworten. Beim nächsten Entwicklungsgespräch werden wir eine Zielvereinbarung treffen, als Orientierung für Ihre nächsten Schritte.“* Fortführende Bitten und Alternativen: *„Bitte sagen Sie mir, was Sie brauchen, um Ihre Leistung entsprechend unserer letzten Zielvereinbarung anzupassen.“*

MANAGEMENT SUMMARY

Ein klares Nein bedeutet, aufrichtig mitzuteilen, welche Bedürfnisse uns im Moment davon abhalten, Ja zu sagen. Wir nehmen das Gegenüber ernst, indem wir ihm „zumuten", unsere Anliegen zu verstehen. Das schafft Gleichwertigkeit und trägt zur Klarheit bei. Denn mit einer anschließenden Bitte können Sie signalisieren, dass Sie auch daran interessiert sind, dass die Bedürfnisse der anderen Seite erfüllt werden. Mit dieser Transparenz schaffen Sie Vertrauen, weil Ihre Mitarbeitenden wissen, woran sie sind.

10.10 Nein hören

Wir hören oft von Führungskräften, dass sie von ihren Mitarbeitenden eher selten ein klares Nein hören. In der Zusammenarbeit mit den höheren Führungsebenen sieht es dagegen anders aus. Stellen Sie sich vor, Sie haben sich seit zwei Jahren mit Engagement in eine neue Materie eingearbeitet, in der Ihnen inzwischen so schnell keiner ein X für ein U vormachen kann. Es geht um ein Kreditprüfungssystem, das Sie im Abgleich mit unterschiedlichen Erfahrungen der Mitbewerber als besonders passend für Ihren Unternehmensbereich ausgewählt und weiterentwickelt haben. Sie präsentieren das neue System Ihrem neuen Vorstand, der seit einem halben Jahr Ihr Ressort verantwortet und hören die Antwort: „Das brauchen wir nicht. Ich habe das bei meiner früheren Bank mit dem anderen System hingekriegt, also werden wir es hier auch schaffen." Auch nach wiederholter Argumentation bleibt er bei seiner Meinung. Wenn Sie jetzt innerlich wutentbrannt aus dem Gespräch gehen, können Sie sich an passender Stelle mit dem Ärgerprozess (siehe Abschnitt 10.4) Luft verschaffen. Denn so lange Sie außer sich vor Wut sind, sinken die Chancen zur wertschätzenden Verbindung.

Vielleicht kommt dieses Nein aber nicht ganz überraschend und Sie können noch genügend Ruhe bewahren, um eine kurze innere Pause einzulegen. Anschließend haben Sie die Wahl, mit Verständnisohren zuerst nach innen, dann nach außen zu reagieren.

Nein-Hören – Empathie nach innen für mich selbst	
Befinden	Wie ist Ihr Befinden, wenn Sie das hören?
	„Ich bin sauer und frustriert ...
Bedürfnis	Welches Bedürfnis kommt zu kurz?
	... weil ich brauche, dass ich gehört werde, dass meine Arbeit gewürdigt wird und meine Erfahrungen einbezogen werden."

Empathische Antwort nach außen auf das Nein	
Befinden	Wie könnte sich Ihr Gesprächspartner fühlen? *„Machen Sie sich Sorgen …*
Bedürfnis	Welches Bedürfnis möchte er sich möglicherweise mit seinem Nein erfüllen? *… um die Effizienz und möchten sicher sein, dass es auch funktioniert?"*

Marshall Rosenberg, der Entwickler der Gewaltfreien Kommunikation, sagt dazu[xvi]: „Wir müssen uns nicht vor der Reaktion unseres Gegenübers fürchten. Wenn ich meine, dass die Reaktion meines Gegenübers das Problem ist, dann lege ich meine Sicherheit in die Hände meines Gegenübers. Es spielt keine Rolle, wie die andere Person reagieren könnte. Was jedoch entscheidend ist, wie meine Reaktion auf die Reaktion aussieht. Wenn ich ein Nein als eine Zurückweisung verstehe, dann liegt das Problem nicht beim Gegenüber, sondern darin, wie ich dieses Nein entgegennehme oder höre. Wenn ich mich öffne und meine Bedürfnisse ausspreche und die andere Person darauf ‚negativ' reagiert, dann ist es das, was wir hören, was den Lauf des Gespräches weiterbestimmt und nicht die Reaktion meines Gegenübers." Wie meint Marshall Rosenberg das genau? Wie im Abschnitt 6.4.1 (Motivationsräder) beschrieben, gehen wir in der Wertschätzenden Kommunikation davon aus, dass mein Gegenüber einen guten Grund hat Nein zu sagen. Es möchte sich damit in der Regel ein eigenes Bedürfnis erfüllen. Gelingt es mir im Gespräch, herauszufinden, um welches Bedürfnis es geht, habe ich eine gute Chance, dass wir eine gemeinsame Lösung finden. Der erste Schritt ist also, die Welt des Gegenübers auf der Basis der vier Schritte zu erkunden. Danach kann es mit der aufrichtigen Selbstmitteilung weitergehen.

> **„Höre niemals, was eine Person nicht will. Höre stattdessen,**
 zu welchem Bedürfnis sie Ja sagt."
 Marshall Rosenberg

Die Fortsetzung nach der empathischen Antwort nach außen könnte dann so aussehen: *„Wenn ich höre, wie sehr Ihnen an der Sicherheit in der Umsetzung liegt, bin ich etwas erleichtert, Klarheit zu haben. Auch mir ist es wichtig, dass der Einsatz zum Erfolg führt und effizient läuft. Deshalb habe ich mich in den letzten zwei Jahren intensiv mit der Konzeption beschäftigt und ich hätte gerne, dass auch meine Erfahrungen in die Entscheidung ein-*

bezogen werden. Darf ich Ihnen jetzt noch einmal die Aspekte nennen, die in der Pilot-phase herausragend abgeschnitten haben, damit wir dann abgleichen können, was das für uns bedeutet?"

MANAGEMENT SUMMARY

Entscheidend beim Hören eines Nein ist, wie wir anschließend darauf reagieren. Statt ein Nein als Zurückweisung zu verstehen, können die Anliegen dahinter erforscht werden, wozu der andere Ja sagt. Dies gibt dem Gesprächsverlauf eine produktive Richtung und die Chancen erhöhen sich, eine Lösung zu finden, die für beide passt.

10.11 Mitarbeiter-Entwicklungsgespräch

Führen Sie gerne Jahresgespräche mit Ihren Mitarbeitenden? Wenn nicht, aus welchen Gründen tun Sie es trotzdem? Weil es von Ihnen erwartet wird und Teil Ihrer Arbeitsbedingungen ist? Machen Sie sich die Bedürfnisse klar, die Sie sich neben dem Einhalten von Vereinbarungen damit erfüllen können. Vielleicht sind es Kontakt und Austausch, Inspiration, Entwicklung der Potenziale, einen Beitrag leisten, Klarheit, Offenheit, Leichtigkeit bei der Arbeit, Aufrichtigkeit, Anerkennung, Wertschätzung, Feedback, das Erreichte feiern, sich Zeit zusammen nehmen. Wie geht es Ihnen, wenn Sie sich dies vor Augen halten? Damit kann aus einer reinen Pflichterfüllung eine sinnerfüllte Handlung werden. Vielleicht sind Sie sich dessen auch längst bewusst und möchten nur noch etwas an der Form feilen. Statt einem Abhaken von Formalien können Sie mit dem Rahmen der vier Schritte das Gespräch so führen, dass beide Seiten einen Gewinn daraus ziehen können.

Wertschätzendes Feedback beinhaltet für uns gleichermaßen das Sehen von Dingen, die im Alltag zur vollen Zufriedenheit ablaufen, wie auch das Nennen von Veränderungswünschen auf der Verhaltensebene. Im Vordergrund stehen dabei eine offene und ehrliche Verbindung und das Bestreben, einen Boden für Entwicklung und Lernen zu schaffen. Das Modell der vier Schritte gibt auch hier einen klaren Rahmen für eine konstruktive Rückmeldung:

Wahrnehmung: konkrete Beobachtungen
Wirkung: Befinden und Bedürfnisse
Wunsch: Handlungsbitte

Hier nun ein Ausschnitt aus dem Mitarbeiter-Entwicklungsgespräch, das anlässlich der abgelehnten Beförderung aus Abschnitt 10.9 angekündigt wurde. Diese Sequenz zeigt einige grundlegende Kernpunkte auf, wie Wertschätzung, Kritik und Förderung des Mitarbeiters.

FK: *„Herr Peters, ich freue mich, dass wir jetzt diesen Austausch haben, denn mir liegt an offenem Umgang miteinander. Wie ist es Ihnen seit dem letzten Jahresgespräch mit Blick auf unsere Vereinbarungen ergangen?"*

MA: *„Ich finde, dass ich jetzt schon lange genug in der Abteilung arbeite, um die nächste Beförderung zu bekommen. Ich habe ja auch mit meinem Studium sehr gute Voraussetzungen mitgebracht, als ich vor zwei Jahren hier anfing. Das muss ja auch einmal honoriert werden."*

FK: *„Möchten Sie mit Ihren Erfahrungen gesehen werden und auch klar wissen, woran Sie sind?"*

MA: *„Ja, die anderen waren früher dran mit ihrer Beförderung und jetzt möchte ich schon wissen, wo es lang geht."*

FK: *„Mir liegt auch daran, eine Perspektive zu haben. Vor einem halben Jahr hatten wir zusammen Ihre Arbeitsergebnisse angeschaut und ich habe Ihnen gesagt, an welchen Punkten ich mir eine Verbesserung wünsche. Seitdem ist mir aufgefallen, dass Sie mich bei Unklarheiten mehrmals angesprochen haben. Dies hat Ihre Resultate insgesamt etwas verbessert und darüber freue ich mich. Der Anruf der Kundin Wiedmann hat mir auch gezeigt, dass sie sehr zufrieden war, wie Sie mit ihrer Reklamation umgegangen sind. Sie hätten sich die Zeit genommen, die sie brauchte und alle Fragen sehr verständnisvoll beantwortet. Deshalb will sie uns weiter treu bleiben. Darüber bin ich froh, denn Sie wissen ja, was es mir bedeutet, dass wir mit unserem Service gesehen werden. Ihr Zutun in diesem Fall gibt mir Vertrauen. Wie geht es Ihnen, das zu hören?"*

MA: *„Ich freue mich, dass Sie mein Bemühen sehen. Der Umgang mit Reklamationen macht mir mittlerweile richtig Freude."*

FK: *„Das freut mich zu hören. Was ich mir jetzt noch wünsche, ist eine Konstanz in Ihren Arbeitsresultaten. Denn mir liegt daran, dass jeder im Team seine Verantwortungsbereiche soweit wie möglich nutzt. Im Augenblick ist es noch so, dass ein Teil Ihrer Fälle von Ihrem Kollegen nachbearbeitet werden. Darüber bin ich unzufrieden, denn mir ist Effizienz bei der Arbeit wichtig. Ich möchte Sie auch in Ihrem Vorwärtskommen unterstützen. Deshalb möchte ich jetzt mit Ihnen eine neue Zielvereinbarung erstellen. Da Sie schon länger als die anderen warten, werde ich diese nach dem nächsten Halbjahr überprüfen. Wie geht es Ihnen damit?"*

MANAGEMENT SUMMARY

Wenn Sie sich vor Augen halten, welche Bedürfnisse Sie sich mit dem Mitarbeitergespräch erfüllen, kann eine Pflichterfüllung zum Feiern von Erfolgen werden. Würdigen Sie, welche Taten Ihrer Mitarbeitenden zur Erleichterung Ihrer Arbeit beigetragen haben. Das stärkt Ihre Mitarbeitenden, ihre Fähigkeiten noch mehr einzusetzen und lädt auch Ihren eigenen Empathie-Akku auf. Gleichzeitig haben Sie die Chance, konstruktiv und handlungsorientiert Veränderungswünsche in vier Schritten anzusprechen. Dies ermöglicht gemeinsames Lernen, Vertrauen und Vorwärtskommen.

10.12 Gespräch bei Leistungsrückgang

Konsequentes Handeln gibt Ihren Mitarbeitenden Orientierung und Vertrauen. Je früher Sie Störungen ansprechen, desto mehr Chancen geben Sie Ihren Mitarbeitenden, zur Klarheit beizutragen.

VG: *„Herr Baureis, ich habe Sie zu mir gebeten, weil ich mir Sorgen mache zum Geschehen der letzten zwei Monate. Seitdem haben Sie Ihre Mittagspause mehrmals pro Woche auf zwei Stunden ausgedehnt. Während der Arbeitszeit sehe ich Sie etwa dreimal stündlich zur Raucherpause gehen. Ihre Arbeitsleistung ist in dieser Zeit deutlich unter den Teamdurchschnitt gesunken. Das besorgt mich, denn ich sehe, dass die Kollegen von dem erhöhten Arbeitsvolumen betroffen sind. Ich möchte unsere Funktionsfähigkeit im Team sicherstellen und Unterstützung leisten, wenn es möglich ist. Sind Sie bereit, mir zu sagen, was bei Ihnen im Augenblick zu dieser Veränderung führt?"*

MA: *„Ich bin im Moment in einer schwierigen Situation. Meine Partnerin und ich leben in Trennung und das belastet mich ziemlich. Ich brauche auch Zeit, um eine neue Wohnung zu suchen. Das wächst mir gerade etwas über den Kopf. Aber ich hoffe, das ist nur vorübergehend."*

VG: *„Das hört sich an, als wären Sie im Moment sehr unter Druck und wünschten sich Verständnis für diese Situation?"*

MA: *„Ja, es ist mir auch unangenehm, das in der Firma publik zu machen."*

VG: *„Ich danke Ihnen für die Offenheit, dass sie es dennoch angesprochen haben. Somit habe ich mehr Klarheit. Gleichzeitig brauche ich eine Einschätzung, was das für unser Team in nächster Zeit bedeutet. Können Sie sich vorstellen, mir bis zum Monatsende den Stand der Dinge zu sagen und welche Vorschläge Sie haben, um mit Ihrer Leistung wieder auf den alten Stand zu kommen?"*

MA: *„Das lässt sich sicherlich machen. Ich will die Kollegen auch nicht unnötig belasten."*

VG: *„Mir liegt daran, dass wir offen darüber sprechen können, wenn es irgendwo klemmt. Bitte sprechen Sie mich an, wenn ich etwas für Sie tun kann."*

10.13 Schlechte Nachrichten überbringen

In den folgenden drei Abschnitten beschreiben wir Situationen, in denen der Entscheidungsrahmen der Mitarbeitenden eingeschränkt ist. Näheres finden Sie auch im Abschnitt 11.1.1. Bei einer bevorstehenden Trennung können die dahinter liegenden Bedürfnisse sehr unterschiedlich sein. Bei verhaltensbedingter Kündigung kommen vermutlich Vertrauen und Integrität zu kurz. Bei betriebsbedingten Veränderungen wird es vorrangig um den Erhalt des Unternehmens und damit der Arbeitsplätze und Existenzgrundlage der meisten Beschäftigten gehen. Der Blick wird nicht auf Schuldzuweisung oder Bestrafung gerichtet, sondern auf Transparenz und respektvollen Umgang. Die menschliche Beziehung kann dadurch erhalten bleiben.

Zum Führungsalltag gehört auch, unangenehme Botschaften weiterzugeben, weil unternehmerische Veränderungen dies verlangen. Auch hier können Sie mit Ihrer Haltung entscheidend dazu beitragen, mit welcher Motivation die Anweisung von Ihren Mitarbeitenden mit getragen und verantwortet wird.

10.13.1 Entscheidung zu Personalveränderung mitteilen

Als Ergebnis einer Prozessoptimierung soll die Abteilung um „einen Kopf schlanker" gemacht werden. Für den Abteilungsleiter, der selbst persönlich sehr betroffen ist, auf eine seiner bewährten Kräfte künftig zu verzichten, stellen sich folgende Fragen: Wie kann ich die Nachricht übermitteln, ohne Unruhe zu verbreiten und möglicherweise Kündigungen weiterer Mitarbeiter zu riskieren? Wie kann ich Transparenz schaffen und alle Betroffenen einbeziehen, ohne Panik auszulösen? Wie kann ich die Motivation zur Arbeit erhalten und stärken?

Vielfach hören wir von Führungskräften, dass sie den Umgang mit starken emotionalen Reaktionen scheuen, dass sie sich sicherer bewegen, wenn es den Umgang mit der reinen Sache betrifft. Diese Scheu kann eine Verunsicherung unter den Mitarbeitenden verstärken. Um dem entgegenzuwirken, braucht es gute Vorbereitung, damit Ihr Anliegen menschlich und authentisch ankommt. Ein Trennungsgespräch hat Signalcharakter und wird von den Beteiligten genau beobachtet, auch von denjenigen, die weiter im bisherigen Umfeld bleiben, denn ein anderes Mal könnten auch sie selbst betroffen sein. Durch frühzeitiges Einbeziehen der Betroffenen bewirken Sie, dass Entscheidungen gemeinsam getragen werden können (Abschnitt 11.1).

Der Abteilungsleiter bereitete sich anhand des Leitfadens (Abschnitt 7.2) auf das Gespräch vor. Dies ermöglichte ihm, sich empathisch in die Situation seiner Mitarbeitenden zu versetzen. Nach einem Einzelgespräch mit Herrn Huber wurde die schlechte Nachricht im ersten Anlauf an die gesamte Abteilung wertschätzend kommuniziert:

Beobachtung	„Die Geschäftsleitung hat aufgrund der aktuellen Unternehmensentwicklung akute Personaleinsparung angekündigt. Sie selbst haben die Bestandsaufnahme an Ihrem Arbeitsplatz miterlebt. Als Folge daraus soll unsere Abteilung künftig mit einer Person weniger fortgeführt werden.
Befinden	Ich bin sehr bestürzt darüber ...
Bedürfnis	... weil mir die Sicherheit der Arbeitsplätze am Herzen liegt und ich das Engagement jedes einzelnen von Ihnen sehr schätze. Gleichzeitig liegt mir daran, so zu Veränderungen beizutragen, dass sie für die Beteiligten verträglich sind.
Bitte	Ich habe mich deshalb entschlossen, Herrn Huber eine Stelle in der Nachbarabteilung anzubieten und habe mit ihm persönlich darüber gesprochen, was das für ihn bedeuten würde. Nun hätte ich gerne Feedback aus Ihrer Runde, wie es Ihnen aktuell mit dieser Nachricht geht? (Beziehungsbitte an das Team)

Die Mitarbeitenden reagierten zunächst schockiert und besorgt, mit Einfühlung für den betroffenen Kollegen und auch für den Abteilungsleiter. Dabei wirkte die offene und transparente Kommunikation glaubwürdig und zeigte im weiteren Verlauf, dass das Vertrauen zur Führungskraft gestärkt war und die Leistungsbereitschaft konstant blieb. Der Vorschlag zur Versetzung wurde von dem Betroffenen nach der angebotenen Bedenkzeit mitgetragen.

MANAGEMENT SUMMARY

Die Sorge, mit starken emotionalen Reaktionen schwer umgehen zu können, verhindert oftmals, mit den Gesprächspartnern in Kontakt zu kommen und dadurch beidseitiges Verständnis zu erreichen. Mit dem Ansprechen Ihres eigenen Befindens senden Sie eine starke Botschaft und erhöhen damit wesentlich die Chance, gehört zu werden. Sie zeigen sich als Mensch und das erleichtert Ihrem Gegenüber, auf Ihre Anliegen einzugehen. Sehen Sie die emotionale Reaktion Ihres Gesprächspartners als Zeichen von Vertrauen, statt eines Angriffs auf Ihre Person. Denken Sie daran: Menschen handeln nicht gegen andere, sondern für sich und die Erfüllung ihrer Bedürfnisse. Wenn Sie diese Botschaften in Befinden und Bedürfnisse übersetzen können, sorgen Sie gleichzeitig für Ihre Grenzen und klären die Verantwortungsbereiche.

10.13.2 Abmahnen

Mit einer wertschätzenden Haltung nehmen Sie die Anliegen Ihrer Mitarbeitenden ernst und bleiben auch bei Störungen im Gespräch. Darin machen Sie deutlich, dass Sie darauf zählen, dass Ihr Gegenüber seinen Verantwortungsraum wahrnimmt.

Wenn Vereinbarungen und Arbeitsbestimmungen nicht eingehalten werden, braucht es klare Worte. So können Sie ohne Umschweife offen auf den Punkt kommen:

„Herr Baureis, unser erstes Gespräch zu Ihrem Leistungsrückgang liegt jetzt vier Monate zurück. Sie hatten mir zuerst Ihre erschwerte persönliche Situation erklärt und seitdem in unseren monatlichen Gesprächen Ihre Leistungsverbesserung zugesagt. Ihre Arbeitsergebnisse sind jedoch unverändert und auch die Pausenabwesenheiten. Ich bin sehr beunruhigt, denn ich brauche die Sicherheit, dass Vereinbarungen eingehalten werden und die bezahlte Arbeitszeit der Erfüllung der Aufgaben im Team dient. Deshalb spreche ich Ihnen eine Abmahnung aus, die Sie auch schriftlich von der Personalabteilung erhalten werden. Diese kann eine Kündigung nach sich ziehen. Ich möchte damit zur nötigen Klarheit beitragen und hoffe, dass wir noch einen Weg finden, um die Zusammenarbeit für alle zufriedenstellend zu gestalten. Möchten Sie dazu etwas sagen?"

10.13.3 Kündigung aussprechen

Betriebsbedingte Kündigung

„Ich habe Sie um dieses Gespräch gebeten, weil ich beunruhigt bin über unsere Unternehmensentwicklung und die weitere Perspektive. Nach der Kurzarbeitsphase hat nun der Vorstand einen Stellenabbau beschlossen und unsere Abteilung ist davon mit drei Mitarbeitenden betroffen. Ich habe die Aufgabe, Ihnen die betriebsbedingte Kündigung auszusprechen. Das bedaure ich sehr, da ich mit Ihrer Arbeit stets zufrieden war. Sicher ist das ein großer Schock für Sie. Mir liegt daran, Sie so zu unterstützen, dass Sie für die neue Stellensuche gewappnet sind. Deshalb werden wir Ihnen für die nächsten Monate eine Outplacementberatung finanzieren. Ein persönlicher Coach wird Ihnen dann zur Seite stehen, um Ihre Chancen auf dem Arbeitsmarkt zu optimieren. Sprechen Sie bitte dazu Ihre Personalbetreuerin an. Gibt es noch etwas, das wir jetzt für Sie tun können?"

Verhaltensbedingte Kündigung

„Frau Kunkel, ich habe letzten Mittwoch beobachtet, wie Sie die Zeiterfassungsuhr nach dem Betriebssport betätigt haben. Das hat mich alarmiert und ich habe Ihr Zeitkonto überprüft, um ein Versehen auszuschalten. Leider zeigte sich, dass dies bereits mehrmals, sowohl im letzten als auch im vorletzten Monat, geschehen ist. In unserer Betriebsvereinbarung ist dieses Verhalten ausdrücklich als Grund für eine fristlose Kündigung genannt. Wir erinnern auch in unseren Aushängen daran. Ich sehe kein Vertrauen für eine weitere Zusammenarbeit und spreche Ihnen deshalb die sofortige Kündigung aus. Es steht Ihnen frei, ein Gespräch mit der Arbeitnehmervertretung zu führen, die über die Ausgangslage informiert ist."

MANAGEMENT SUMMARY

Wenn betriebliche Vereinbarungen in Frage gestellt oder gar überschritten werden, ist konsequentes Handeln in der Führung gefragt. Der Fokus wird jedoch nicht auf Schuldzuweisung oder Bestrafung gelegt. Stattdessen geht es darum, deutlich zu machen, mit welchem Verhalten Bedürfnisse zu kurz gekommen sind. Damit geben Sie sich kongruent, machen Ihre Werte und Anliegen transparent und begegnen gleichzeitig Ihrem Gegenüber auf respektvolle Art und Weise. Bei betriebsbedingten Kündigungen braucht es Offenheit und frühzeitiges Einbeziehen.

10.14 Konflikt im Meeting

Mit der Wertschätzenden Kommunikation können Sie Prozesse mit Konfliktpotenzial verkürzen und mit klaren Bitten zur Handlungsorientierung zurückführen. Entscheidend ist dabei, die Bedürfnisse der Beteiligten zu erkennen und zu benennen, anstatt im Karussell der scheinbar unerfüllbaren Wünsche mitzufahren.

Jahresurlaubsplanung im Team

In der Teambesprechung entsteht ein Wortwechsel zwischen dem Teamleiter und der Mitarbeiterin Frau Burger:

MA: *„Dieses Jahr gehe ich auf jeden Fall in den Osterferien in Urlaub. Bisher hab ich immer für die anderen die Stellung gehalten, jetzt bin ich mal dran."*

TL: *„Sie wissen, dass bei uns in der Haupturlaubszeit Eltern mit schulpflichtigen Kindern Vorrang haben. Das hat bis jetzt auch immer ganz gut geklappt. Es wäre schön, wenn es auch diesmal eine Einigung in dieser Form gibt."*

MA: *„Das hat deshalb funktioniert, weil immer die gleichen nachgeben. Diesmal mache ich das nicht mit."*

TL: *„Sehen Sie doch mal, hier in unserer Betriebsvereinbarung steht es auch – dass den Mitarbeitern mit schulpflichtigen Kindern der Vorrang einzuräumen ist."*

MA: *„Ist mir egal, was in der Betriebsvereinbarung steht, jetzt bin ich mal dran."*

TL: *„Darüber werden wir noch reden."*

Der Teamleiter merkte schnell, dass der Verweis auf die interne Betriebsvereinbarung nicht den gewünschten Effekt hatte. Statt Frau Burger davon zu überzeugen, sich weiterhin daran zu halten, hat es die Position der Mitarbeiterin noch verstärkt. Deshalb hat er sich für das Folgegespräch nach dem Modell der Wertschätzenden Kommunikation vorbereitet:

TL: *„Wenn Sie sagen ‚Jetzt bin ich mal dran', denken Sie daran, dass Sie in den letzten fünf Jahren jeweils außerhalb der Schulferien Urlaub gemacht haben und in der Hauptferienzeit bei erhöhter Arbeitsbelastung die Stellung gehalten haben? Sind Sie deshalb frustriert und möchten Sie, dass das einmal gesehen wird, was Sie hier leisten, wenn die Mehrheit des Teams fehlt?"*

MA: *„Ja genau, das kann man wohl sagen, das scheint hier für alle selbstverständlich zu sein!"*

TL: *„Hätten Sie auch gern die Sicherheit, dass die Arbeit insgesamt fair aufgeteilt wird?"*

MA: *„Davon kann ja eben keine Rede sein, wenn immer die gleichen zu den Stoßzeiten fehlen."*

TL: *„Würden Sie gern einige Rückmeldungen aus dem Team hören, was Ihr Engagement für die anderen bedeutet?"*

MA: *„Das wäre ja mal was ganz anderes, warum nicht ..."*

MA2: *„Für mich ist es echt eine Unterstützung, wenn hier Rücksicht genommen wird, dass ich meinen Sohn allein erziehe. Ich wüsste gar nicht, wohin mit ihm in den Ferien, sonst müsste ich mir einen anderen Job suchen."*

MA3: *„Jetzt wo du das sagst, wird mir nochmal klar, was es heißt, die Ferien mit meiner Familie verbringen zu können. Da bin ich wirklich froh, dass es Leute wie dich gibt, sonst hätten wir Stress zu Hause. Wenn es dir hilft, könnten wir ja mal darüber reden, dass ich im Sommer um eine Woche verkürze, was meinst du?"*

TL: *„Frau Burger, sind Sie bereit, nochmals zu überdenken, ob Sie dieses Jahr außerhalb der Ferienzeiten Urlaub nehmen und wir unterhalten uns, wie die Arbeit unter den Anwesenden künftig aufgeteilt wird?"*

Das Beispiel zeigt, dass es oftmals nicht darum geht, Wünsche zu erfüllen, sondern dass Menschen mit ihren Bedürfnissen gehört und ernst genommen werden. Nach dem Teamgespräch war Frau Burger bereit, ihren Urlaub zu verschieben.

MANAGEMENT SUMMARY

Der lösungsorientierte Blick mag ein vertrautes Konzept sein, um Unruhe in Gruppen im Zaum zu halten. Doch meist wird dabei nur die Spitze des Eisbergs umkreist und vorzeitige Lösungen zeigen sich als Kommunikationssperren. Nehmen Sie sich die Zeit, die Bedürfnisse unter der Oberfläche zu erforschen. Menschen sind bereit, zu kooperieren, wenn sie mit Ihren Anliegen gehört werden.

10.15 Effiziente Besprechungen

Haben Sie schon einmal über die Anzahl und Qualität der Besprechungen in Ihrer Abteilung nachgedacht? Wie zufrieden sind Sie mit der Produktivität Ihrer Meetings? Eine grundlegende Voraussetzung für den Erfolg einer Sitzung sind klare und vollständige organisatorische Vorbereitungen wie Agenda, Liste der Beteiligten usw. Wir wollen hier das Augenmerk auf das effektive Abholen der Diskussionsbeiträge lenken.

Kennen Sie die Situation? Sie bringen ein Thema in die Runde und hören von der Hälfte der Teilnehmenden unterschiedliche Meinungen dazu. Oftmals verpuffen diese Beiträge, weil sich die Sprecher noch nicht genau im Klaren sind, was sie damit sagen wollen. Die Zuhörer haben meist einen großen Interpretationsspielraum. Dies verleitet dazu, dem anderen nicht konzentriert zuzuhören oder sich währenddessen bereits (Gegen-)Argumente zurechtzulegen. Im schlimmsten Fall hat das zur Folge, dass keiner der Beteiligten gehört wird und jeder frustriert ist. Eine Steigerung wäre, dass unverstandene Beiträge zum rhetorischen Schlagabtausch führen.

Als Moderatorin (M) haben Sie mit der WSK ein Werkzeug an der Hand, wie Sie die Beiträge klären (Beobachtung), konkretisieren (Anliegen) und in die Handlung führen können (Bitte). Praktisch könnte das empathische Abholen der Beteiligten so aussehen:

Situation: Einführung einer neuen Software in der Abteilung

A: *„Das hat doch mit dem bisherigen System auch funktioniert ...“*

M: *„Denken Sie jetzt daran, wie schnell und effektiv Sie mit der alten Software gearbeitet haben und brauchen Sie Sicherheit, dass Sie auch mit dem neuen Programm Ihre Zeit optimal nutzen können? – Möchten Sie, dass bei einer Neueinführung fachliche Unterstützung gewährleistet ist?“*

B: *„Können wir uns das überhaupt leisten?“*

M: *„Beziehen Sie sich auf unsere aktuelle Budgetverknappung und fragen sich, ob Nutzen und Aufwand ausgewogen sind? Wollen Sie vorher noch einmal die Kosten-/Nutzenanalyse einsehen?“*

C: *„Es wird Zeit, dass wir uns an die Standards von heute anpassen ...“*

M: *„Erinnern Sie sich an das, was Sie bei der Softwaremesse gesehen haben und welche Möglichkeiten die neuen Produkte bieten? Freuen Sie sich, weil Sie sich davon eine große Arbeitserleichterung versprechen? Möchten Sie hier nochmals die Vorteile des Programms im Team aufgezeigt haben?“*

D: *Schweigt.*

M: *„Sind Sie noch irritiert von dem, was Sie bis jetzt gehört haben und brauchen Klar-*
        heit, was das für unsere Arbeit bedeutet? Welche Informationen wären Ihnen jetzt
        dazu nützlich?"

Als Moderatorin wissen Sie noch nicht genau, ob Sie mit Ihrer empathischen Vermu-
tung das treffen, was die Anwesenden bewegt. Sie nutzen jedoch mit Ihrer Interven-
tion die Chance, weitere wertvolle Informationen zu erhalten, falls Sie noch nicht das
Wesentliche getroffen haben. Abgeschlossen mit einem Handlungsvorschlag nehmen
Sie die Betroffenen in die Mitverantwortung. Wenn alle Fakten auf dem Tisch liegen,
werden Maßnahmen gemeinsam beschlossen. Um sicher zu sein, dass diese von allen
getragen werden, können Sie auch hier mögliche Einwände abfragen und empathisch
aufnehmen. Statt für jeden Einwand eine Lösung zu finden, geht es darum, die Bedürfnisse zu klären und ernst zu nehmen. Danach ist es oftmals nur noch ein kleiner
Schritt zum Konsens. Mit dem Wissen der Anwesenden, gehört und respektiert zu
werden, entspannt sich das Besprechungsklima deutlich. Dies führt zu konstruktivem
Mitdenken und produktivem Vorwärtskommen.

MANAGEMENT SUMMARY

Langwierige Diskussionen in Meetings oder rhetorischer Schlagabtausch kosten Zeit,
Nerven und Geld. Mit einer strukturierten und empathischen Moderation unterstützen Sie
die Beteiligten, ihre Anliegen zu klären, zu konkretisieren und in die Handlung zu führen.
Einwände werden durch die Moderation empathisch in vier Schritte übersetzt. Damit fördern Sie einen wechselseitigen respektvollen Umgang und nehmen die Betroffenen in die
Mitverantwortung. Wenn die Anwesenden vertrauen können, dass ihre Anliegen ernst
genommen werden, entspannt sich das Klima deutlich. Zu tragfähigen Lösungen ist es
dann nicht mehr weit.

10.16 Kundengespräche führen

Beziehungsmanagement ist nicht nur in der Zusammenarbeit mit Mitarbeitenden, Kolleginnen und Vorgesetzten von zentraler Bedeutung, sondern auch in der Begegnung mit Kunden. Eine partnerschaftliche Kundenbeziehung trägt maßgeblich dazu bei, dass Unternehmen erfolgreich sind. Aktive Wertschätzende Kommunikation vertieft Kundenbeziehungen und stärkt sie nachhaltig.

Kundenbindung ist Ihr Kapital. Stellen Sie sich vor, Sie könnten neben dem Angebot von guten Produkten und Dienstleistungen auch effektiv eine Beziehung zu Ihren Kunden aufbauen, die auf Vertrauen und partnerschaftlichem Miteinander basiert.

Sicher kennen Sie die Aussage: Der Kunde ist König. Der Kunde regiert, die Dienstleistenden dienen. Die wohl gut gemeinte Absicht hinter der Aussage birgt jedoch seine Gefahren. Sie bringt ein klares Gefälle in die Geschäftsbeziehung. Der Kunde steht oben, die Dienstleistenden unten. Damit steigen die Erwartungen an die Dienstleistenden und gleichzeitig sinkt die Wertschätzung für die erbrachte Leistung, schließlich muss der Diener dem König dienen. Enttäuschungen sind mit dieser Haltung so gut wie vorprogrammiert.

In jeder Geschäftsbeziehung stehen wir in wechselseitiger Abhängigkeit zueinander. Der Erfolg eines Projekts hängt davon ab, wie gut die Beziehung zwischen allen Beteiligten ist, wie groß das gegenseitige Vertrauen ist und wie sehr alle breit sind, einen Beitrag zu leisten. Stellen Sie sich vor, Sie bieten einen Partyservice an und bekommen einen Auftrag für die Organisation eines Firmenjubiläums. Um diesen Auftrag termingerecht und zur Zufriedenheit des Kunden abwickeln zu können, braucht es ein gemeinsames Miteinander. Ohne Mithilfe Ihres Kunden wird es schwierig, den Auftrag zu erledigen. Um z.B. die Zimmer für die Übernachtungen zu reservieren, brauchen Sie Informationen zur Anzahl der Gäste. Bekommen Sie diese nicht rechtzeitig, können Sie das Hotel nicht buchen und der Erfolg des Projekts steht auf dem Spiel. Umgekehrt vertraut der Kunde Ihnen die Organisation der Veranstaltung an und damit legt er seinen persönlichen Erfolg bis zu einem gewissen Grad in Ihre Hände. Ohne Kooperation geht es also nicht. Ko-operieren heißt gemeinsam operieren, gemeinsam etwas tun. Wenn wir gemeinsam am Strang ziehen, steigt die Freude am gemeinsamen Unternehmen, gegenseitige Wertschätzung unterstützt den gemeinsamen Erfolg.

Vielleicht sagen Sie sich jetzt: „Der Kunde bezahlt Geld, dann hat er einen Anspruch darauf, wie ein König behandelt zu werden." Das stimmt natürlich insoweit, als dass der Kunde Ihnen einen Auftrag erteilt und für eine erbrachte Leistung seine Wertschätzung unter anderem in Form von Geld ausdrückt. Als Gegenleistung möchte er, dass seine Wünsche und Bedürfnisse ernst genommen werden und eine Arbeit gemäß Vereinbarung erledigt wird. Das heißt aber dennoch nicht, dass der Kunde damit zum König und in der Hierarchie über den Anbieter gestellt werden soll. Diese innere Einstellung ist in der Lösungsfindung häufig sogar kontraproduktiv.

Mit der Haltung, dem Kunden dienen zu *müssen,* nur weil er König ist, laufen Sie Gefahr, die Begeisterung an der Sache zu verlieren. Der Kunde bezahlt – Sie *müssen* liefern, und wenn Sie dies nicht zu seiner Zufriedenheit tun, wird nicht bezahlt. Mit dieser Einstellung entsteht eine einseitige Abhängigkeit. Jegliche Freiwilligkeit und die Motivation, mit Freude eine Dienstleistung zu erbringen, gehen dabei verloren.

Die Sicht der Gleichwertigkeit hat eine motivierende Wirkung: Das Vertrauen des Kunden ist Ihnen wertvoll und leistet damit einen Beitrag zu Ihrer finanziellen Sicherheit. Das wiederum weckt in Ihnen die Freude, auch dem Kunden das Leben zu bereichern. Der Auftrag bekommt dadurch für Sie mehr Sinn und Sie erfüllen ihn, weil Sie es *wollen* und nicht weil Sie müssen. Dadurch behalten Sie die Freude an dem, was Sie tun und der Kunde hat automatisch auch mehr Freude an Ihrer Dienstleistung.

Lösungsfokus anstatt Anklage

Richtig schwierig wird es dann, wenn Projekte nicht so laufen wie man sich das vorgestellt hat und Probleme auftauchen. Wie leicht geht da die wertschätzende Haltung verloren. Dafür steigt die Fehlerintoleranz und die Schuldfrage taucht auf. Der Fokus verlegt sich darauf, wer denn nun für den Schaden aufkommen muss. Weil das natürlich niemand will, rutscht man ganz schnell in die Anklage-Strategie. Man zeigt mit dem Finger aufeinander und der Tanz um die „heiße Kartoffel" beginnt. Damit sinkt die Wahrscheinlichkeit, eine gemeinsame Lösung für das Problem zu finden und die Kundenbeziehung steht auf dem Spiel. Es stellt sich doch die Frage, ob der Kunde nicht deutlich mehr von einer partnerschaftlichen, respektvollen Kundenbeziehung als von einer „königlichen" Beziehung hat.

> „Die meisten Dinge, die wir lernen, lernen wir von den Kunden."
> *Charles Lazarus*

Natürlich tauchen auch in einer partnerschaftlichen Kundenbeziehung Probleme auf. Eine Abmachung wird nicht eingehalten oder das Ergebnis entspricht nicht der Vereinbarung. Die Gleichwertigkeit in der Beziehung hilft hier von einer Anklage- in eine Lösungsfindungs-Strategie zu gelangen. Denn wenn es Ihnen im Gespräch gelingt, die Bedürfnisse aller Beteiligten zu ergründen, steigt die Wahrscheinlichkeit, dass erfolgversprechende Lösungen gefunden werden. Nicht selten führen partnerschaftliche Problemlösungen zu einer vertieften und vertrauensvollen Kundenbeziehung.

Das folgende Beispiel zeigt, wie die WSK bei verschiedenen Inhalten und auch in herausfordernden Situationen angewandt werden kann:

10.16.1 Kundenreklamationen entgegennehmen

Frau Winter leitet ein Team von Call-Center-Agentinnen. Neben ihrer Arbeit als Teamleiterin führt sie täglich Kunden mit Ihren Anliegen vom Problem zum Ziel. Dabei geht es um ein breites Produktangebot, vom einfachen Internetzugang über Faxgeräte bis hin zu Telefonanschlüssen. Am meisten zu schaffen machen ihr die täglichen Vorwürfe und Schuldzuweisungen, die sie zu hören bekommt. Diese laden zu Gegenangriffen und Rechtfertigung ein. Ihre Erfahrung hat sie jedoch gelehrt, dass dies weder der Kundenbindung noch der Problemlösung dient. Es ist ihr bewusst, dass der Gedanke rund um die Schuldfrage unproduktiv ist und der Tanz um die „heiße Kartoffel" wenig bringt. Niemand möchte sich daran die Finger verbrennen und der eigentliche Fokus, nämlich wie das Problem gelöst werden kann, wird aus dem Auge verloren.

Hier ein paar Beispiele dafür, wie es sich anhört, wenn man im „Schuld-Denken" gefangen ist.

Kundin: *„Beantworten Sie eigentlich keine Mails? Haben Sie schon einmal etwas von Kundenservice gehört?!"*

Call-Agentin: *„Wissen Sie, wir haben viele Mails zu beantworten – da kann es schon mal etwas dauern. Wenn Sie eine schnellere Antwort brauchen dann müssen Sie halt anrufen."* (Belehren)

„Jetzt beruhigen Sie sich doch einmal!" (Beschwichtigen)

„Sie hätten eben unseren Premium-Helpdesk-Service wählen sollen, dann wären Sie schneller drangekommen." (Selber-Schuld-Strategie)

Wie das Gespräch sich danach weiterentwickelt, können Sie sich bestimmt vorstellen.

Mit der WSK hat Frau Winter gelernt, sich nicht für diese Anschuldigungen verfügbar zu machen und empathisch auf die Kundin einzugehen. Als Erstes versucht sie, sich mit dem Kunden auf einen klaren Auslöser, also eine Beobachtung zu einigen. Danach erkundigt sie sich über das Befinden der Kundin und ihre Bedürfnisse. Werden diese bejaht, kann sie mit der Bitte zu einem nächsten Handlungsschritt überleiten, der sie dem Ziel näher bringt. Das könnte sich wie folgt anhören:

Kundin: *„Beantworten Sie eigentlich keine Mails? Haben Sie schon einmal etwas von Kundenservice gehört?!"*

Call-Agentin:	*„Beziehen Sie sich auf Ihre Mail, die Sie uns am letzten Mittwoch gesandt haben?"* (Beobachtung)
Kundin:	*„Ja klar! Aber nicht nur auf diese, ich habe vorher auch schon zwei geschrieben!"*
Call-Agentin:	*„Sind Sie verärgert und bräuchten Klarheit, wie es vorwärts gehen kann?"* (Befinden und Bedürfnis)
Kundin:	*„Und das fragen Sie noch?!? Ich habe ein Problem mit meiner Faxbox und muss dringend etwas faxen. Mir sind die Hände gebunden und es geht um ein wichtiges Dokument! Das muss heute noch raus!!!!!!"*
Call-Agentin:	*„Wenn ich Sie richtig verstehe, dann möchten Sie jetzt von mir hören, was mit Ihrem Faxgerät los ist und wie man den Fehler beheben kann."* (Bitte)
Kundin:	*„Ja, genau. Sie haben es erfasst!"*
Call-Agentin:	*„Geht es um die Faxnummer 587 51 25?"*

In diesem Fall ist es Frau Winter gelungen, die Kundin von der emotionalen in eine sachliche Ebene zu bringen. Und einer Klärung des Problems steht nichts mehr im Wege.

10.16.2 Bedauern ausdrücken

Es kann im Alltag geschehen, dass Arbeiten nicht den Erwartungen entsprechen, etwas nicht funktioniert oder Termine nicht eingehalten werden. Die Frage ist hier, wie wir damit umgehen. Wie in Abschnitt 8.3 beschrieben, liegt der Fokus bei der WSK dann nicht auf der Schuldfrage, sondern darauf, welche Bedürfnisse durch das Handeln zu kurz kamen und was getan werden kann, um diese Bedürfnisse zu erfüllen.

	Call-Agentin	Kundin
Beobachtung	„Ich sehe gerade im System, dass der Server nicht so konfiguriert wurde, dass Sie Faxe versenden und empfangen können.	
Befinden	Ich bedaure das sehr, ...	
Bedürfnis	... weil uns Zuverlässigkeit sehr wichtig ist und es auch uns ein Anliegen ist, dass unsere Kundinnen problemlos erreichbar sind.	
Handlung / Bitte	Ich ändere die Konfiguration jetzt gleich ab und dann bitte ich Sie, ein Probefax zu versenden, damit wir gleich überprüfen können, ob es jetzt funktioniert. Sind Sie bereit das jetzt zu tun?"	
		„Ja sicher, das mache ich jetzt gleich. Danke."

10.16.6 Zahlungserinnerungen aussprechen

Die Kundin hat nun also Ihre Dienstleistung erhalten und die Bezahlung der Rechnung steht an. Was tun wenn die Zahlung ausbleibt? Wie leicht gerät man da auf ein Gedankenkarussell. Je weniger Vertrauen in der Kundenbeziehung da ist, desto schneller läuft es. „Typisch – Dienstleistungen beziehen wollen und danach nicht dafür bezahlen!" Wenn die Kundenbeziehung nicht gleichwertig ist, wenn man den Kunden als fordernden König und sich selber als hilflosen, abhängigen Diener sieht, wundert es nicht, dass Ärger und Groll auftauchen. Tatsächlich ist man in einer solchen Situation in einer gewissen Abhängigkeit. Sie möchten, dass der Kunde bezahlt und sind darauf angewiesen, dass er die Zahlung veranlasst. Bevor man da zu kosten- und zeitintensiven Sanktionen greift und ein Mahnverfahren einleitet, lohnt es sich, den Kontakt zum Kunden zu suchen. Denn es gibt viele mögliche Gründe, weshalb eine Zahlung nicht bei Ihnen eingegangen ist.

Solche Gespräche sind vielen Menschen unangenehm. Die Thematik ist oft mit Scham verbunden und reizt zur Rechtfertigung. Wie kann das Gespräch so geführt werden, dass alle Beteiligten das Gesicht wahren können und die Angelegenheit klar und deutlich angesprochen wird? Hier ein Beispiel dazu:

Call-Agentin:	*„Guten Tag Frau Meier. Hier ist Müller vom Customer Care Internet Services AG.*
	Beim Überprüfen unserer Zahlungseingänge habe ich gesehen, dass Ihre angemahnte Rechnung vom 10.08. für Ihren Internetanschluss noch offen ist. Wann darf ich mit der Bezahlung rechnen?"
Kundin:	*„Ach wissen Sie, ich habe im Moment so viel zu tun – ich weiß gar nicht, wo mir der Kopf steht. Haben wir das nicht bezahlt?"*
Call-Agentin:	*„Sind Sie unter Druck und brauchen erstmal einen Überblick?"*
Kundin:	*„Ja, genau. Ich muss mir erst einmal einen Überblick verschaffen!"*
Call-Agentin:	*„Bis wann können Sie das tun?"*
Kundin:	*„Na ja, ich habe im Moment wirklich viel zu tun …! So schnell geht das nicht …"*
Call-Agentin:	*„Wir haben Ihnen geschrieben, dass unser System nach Verstreichen der Mahnfrist den Internetservice einstellt. Der Gedanke ist mir unangenehm und Ihnen wahrscheinlich auch. Deswegen möchte ich gerne mit Ihnen eine Lösung finden, die beide zufrieden stellt. Haben Sie eine Idee wie diese aussehen könnte?"*
Kundin:	*„Hmmm – wissen Sie, ich bin im Moment wirklich im Stress – wann läuft die Mahnfrist ab?"*
Call-Agentin:	*„In zwei Tagen."*
Kundin:	*„Also das schaffe ich nun beim besten Willen nicht!"*
Call-Agentin:	*„Verstehe – fünf Tage kann ich Ihnen entgegenkommen, weil mir an einer guten Zusammenarbeit liegt. Und gleichzeitig brauche ich die Sicherheit, dass Vereinbarungen eingehalten werden. Wie ist das für Sie?"*
Kundin:	*„Ja, das verstehe ich. Also bis heute in einer Woche kann ich das ganz sicher abklären."*

Call-Agentin: *„Sie sagen, dass Sie das bis heute in einer Woche abklären können. Das ist der Tag, an dem die verlängerte Zahlungsfrist abläuft. Falls Sie die Zahlung dann doch noch machen müssten, mache ich mir Sorgen, dass es zeitlich nicht reicht und mir ist Verbindlichkeit wirklich wichtig. Sehen Sie eine Möglichkeit, wie Sie das schon früher abklären können?"*

Kundin: *„Ok, ich sehe schon … Sie können sich auf mich verlassen, falls ich nicht bezahlt habe, werden Sie den Zahlungseingang spätestens in einer Woche haben."*

Call-Agentin: *„Ok – danke, das freut mich. Ich bin froh, dass ich Sie angerufen habe und wir gemeinsam eine Lösung gefunden haben, weil ich mir wünsche, dass es auch in Zukunft gut läuft."*

Kundin: *„Ja, ich bin auch froh. Danke für die Erinnerung. Wenn mein Internet nicht mehr laufen würde, wäre es eine Katastrophe für mich."*

Dieses Gespräch zeichnet sich dadurch aus, dass es frei von Vorwürfen ist, die Bedürfnisse aller Beteiligten gehört und ernst genommen werden und die Kundin gleichwertig in den Problemlösungsprozess einbezogen wird. Zugleich sorgt es für Klarheit und nimmt die Kundin in die Mitverantwortung. Die Chancen stehen gut, dass die Rechnung bezahlt wird.

Vielleicht fragen Sie sich jetzt: „Und was machen Sie, wenn die Kundin trotzdem nicht bezahlt?" Dann ist es wohl Zeit, den Empathie-Akku aufzuladen (siehe Abschnitt 7.1.1) und danach geht es in eine zweite Runde. Entscheidend ist hier, dass Sie sich Ihrer persönlichen Bedürfnisse und Ihrer inneren Haltung gegenüber Ihren Kundinnen bewusst werden. Geht es Ihnen um Ihre wirtschaftliche Sicherheit? Wünschen Sie sich Wertschätzung für Ihre erbrachte Dienstleistung? Brauchen Sie Verlässlichkeit und möchten Sie wissen woran Sie sind? Natürlich haben Sie die Möglichkeit jetzt das klassische Mahnverfahren einzuschlagen und je nach Situation mag das zur Erfüllung Ihrer Bedürfnisse beitragen. Der Weg, im juristischen Sinne Recht zu bekommen, führt jedoch nicht zwingend zum Erfolg – kann vielmehr die Kundenbeziehung belasten. Wenn ein Kunde wirklich nicht bezahlen kann, dann haben Sie die größere Chance Ihre Bedürfnisse erfüllt zu bekommen, wenn Sie gemeinsam mit dem Kunden eine Lösung finden. Wie es im oben beschriebenen Fall weiterging, lesen Sie hier:

Call-Agentin: *„Guten Tag Frau Meier. Hier ist Müller vom Customer Care Internet Services AG."*

Kundin: *„Guten Tag!"*

Call-Agentin: *„Sicher können Sie sich an unser Gespräch vom letzten Freitag erinnern. Wir hatten vereinbart, dass Sie die Rechnung bis heute bezahlen. Leider* *kann ich bis jetzt keinen Zahlungseingang feststellen. Jetzt bin ich irritiert, weil mir Verbindlichkeit wichtig ist. Wie kommt es dazu?"*

Kundin: *„Das kann nicht sein – ich habe die Rechnung bezahlt und ich kann nichts dafür, dass das Geld nicht bei Ihnen angekommen ist."*

Call-Agentin: *„Sind Sie überrascht, von mir zu hören, dass das Geld noch nicht bei uns angekommen ist? Brauchen Sie auch Klarheit was los ist?"*

Kundin: *„Ja natürlich! Sie stellen mich ja hin, als würde ich die Zeche prellen!"*

Call-Agentin: *„Machen Sie sich Sorgen, weil Sie möchten, dass Ihre Bemühungen für eine fristgerechte Zahlung auch gesehen werden?"*

Kundin: *„Ja sicher! Ich habe mir ein Bein ausgerissen um die Zahlung heute noch rauszubringen. Ein bisschen kulant könnten Sie guten Kunden gegenüber schon sein."*

Call-Agentin: *„Wünschen Sie sich, dass anerkannt wird, dass Sie schon seit zwei Jahren bei uns Kundin sind?"*

Kundin: *„Ja – ich habe immer pünktlich bezahlt!"*

Call-Agentin: *„Ja und genau deshalb rufe ich Sie heute nochmals an. Weil auch mir Kundenverbindungen am Herzen liegen. Sie sagen, Sie haben die Rechnung heute bezahlt. Ist das so?"*

Kundin: *„Ja! Sie werden das Geld morgen auf Ihrem Konto haben."*

Call-Agentin: *„Das ist wunderbar Frau Meier. Vielen Dank. Jetzt könnte ich Ihre Unterstützung brauchen, damit ich die Zahlungsfrist noch einen Tag hinausschieben kann. Sind Sie bereit, mir jetzt gleich den Zahlungsbeleg zu faxen? Dann kann ich das bei uns im System so vermerken und die Sache ist erledigt."*

Kundin: *„Den definitiven Beleg von der Bank habe ich natürlich noch nicht, da die Zahlung ja erst heute Vormittag gemacht wurde. Aber was ich Ihnen faxen kann, ist der Zahlungsbeleg aus dem Internetbanking. Geht das?"*

Call-Agentin: *„Ja, das geht ausnahmsweise. Normalerweise brauche ich den Bankbeleg. Aber ich weiß ja, wie sehr Sie sich bemüht haben, die Zahlung noch heute zu erledigen. Da komme ich Ihnen gerne entgegen."*

Kundin: *„Danke, da bin ich aber froh."*

Call-Agentin: *„Ich auch – ich bin sehr erleichtert, dass wir das nun klären konnten. Danke für Ihre Kooperation."*

Kundin:	*„Gerne – ich danke Ihnen für Ihr Nachfragen. Es wäre wirklich ärgerlich gewesen, wenn das Internet abgestellt worden wäre. Auf Wiedersehen Frau Müller."*

Der Call-Agentin ist es in diesem Gespräch gelungen, in einer wertschätzenden Verbindung mit der Kundin zu bleiben. Bei der Aussage: „Sie stellen mich hin, als würde ich die Zeche prellen!" hätte die Agentin mit „Nein, das würde ich niemals tun!" oder „So etwas habe ich nicht gesagt!" reagieren können. Damit wäre sie vom wertschätzenden Pfad in das Dickicht der Rechtfertigungen oder Schuldzuweisungen geraten. Wie leicht dort das Ziel aus den Augen verloren geht, wissen Sie wahrscheinlich aus eigener Erfahrung. Anstatt auf die Unterstellung der Kundin einzugehen und sich dafür verfügbar zu machen (Dominanzstrategie), hat sich die Call-Agentin auf das Befinden und die Bedürfnisse der Kundin eingestellt und ging damit wertschätzend in Kontakt. Gleichzeitig hat sie auch ihre eigenen Bedürfnisse im Auge behalten und hat sich freundlich und bestimmt dafür eingesetzt, dass sich ihr Anliegen nach Verbindlichkeit erfüllt. Mit der Bitte um Unterstützung wurde die Kundin nochmals in eine gemeinsame Problemlösung mit einbezogen. Damit wurde Kooperation und Gleichwertigkeit in der Beziehung gestärkt.

MANAGEMENT SUMMARY

Eine partnerschaftliche Kundenbeziehung trägt maßgeblich zu einer nachhaltigen Kundenbindung bei. Die Haltung „der Kunde ist König" ist zwar gut gemeint, bringt aber ein Gefälle in die Kundenbeziehung. Damit steigen die Erwartungen an die Dienstleistenden und gleichzeitig sinkt die Wertschätzung für die erbrachte Leistung. Enttäuschungen sind mit dieser Haltung so gut wie vorprogrammiert. Nehmen Sie Ihre Kunden als gleichwertige Partner ernst, fühlen Sie sich in ihre Welt ein und respektieren Sie ihre Bedürfnisse. Das trägt mehr zur Kundenbindung bei, als einfach nur zu tun, was der Kunde will. Wenn Sie mit Ihren Kunden die Verantwortung für das Gelingen von Projekten teilen und gemeinsam an einem Strang in die gleiche Richtung ziehen, haben Sie gute Chancen auf eine Win-Win-Lösung. Auch wenn es anfangs noch ungewohnt scheint: Im sicheren Rahmen der vier Schritte machen Sie sich für Dominanzstrategien nicht verfügbar.

10.17 Antworten auf kritische Fragen aus der Anwendungspraxis

Möglicherweise haben Sie sich beim Lesen schon vorgestellt, wie Sie die eine oder andere Situation erfolgreich in Ihrem Alltag umsetzen. Menschen reagieren in Situationen ganz unterschiedlich und vielleicht fragen Sie sich, ob Ihre Mitarbeitenden ähnlich darauf ansprechen würden. Sie können andere bewegen, wenn Sie Botschaften so vermitteln, dass sie Resonanz erzeugen. Dies gelingt, wenn Sie emotional authentisch sind, weil Sie mit Ihren Werten in Verbindung sind. Stehen Sie zu dem, was Sie sagen, wird Ihr Umfeld durch die neuen Verhaltensweisen bestärkt werden, noch mehr am gleichen Strang zu ziehen.

> „Wenn du zur Erfüllung deiner Wünsche nur das tust, was du schon immer getan hast,
> dann wirst du auch nur das ernten, was du schon immer geerntet hast."
> *Mary Stalder Bray*

Bedenken

„Die ganz banalen Dinge im Leben, da geht man doch davon aus, dass sie funktionieren. Ich kann doch nicht immer so sprechen?"

Unsere Erfahrung

Wenn Beziehungen unbelastet sind, dann kommunizieren Menschen meist frei auf der Ebene der Bitten und Strategien. Mit der Wertschätzenden Kommunikation haben Sie zusätzlich die Chance, diese Beziehungsqualität zu verstärken und zu vertiefen (siehe Abschnitt 10.8: Wertschätzung ausdrücken). Bei Unklarheiten oder Konflikten bieten die vier Schritte im Hinterkopf einen sicheren Rahmen. Dieser ermöglicht Klarheit und Orientierung im Gespräch und hilft, den roten Faden in der Hand zu behalten. Sie müssen also nicht immer so kommunizieren, sondern dann, wenn Sie sich eine nachhaltige Lösung wünschen und Ihnen daran liegt, in einen wertschätzenden Kontakt zu treten. Wenn Sie die tiefe Wirkung der WSK erst einmal erfahren haben, kann es also durchaus sein, dass Sie aus Überzeugung immer öfter darauf zurückgreifen.

Bedenken

„Die Sprache wirkt so künstlich, da habe ich Bedenken, dass ich nicht echt sein kann. Ich wurde schon gefragt: 'Machst du gerade ein Training?'"

Oder: „Wie kann die Methode so individualisiert werden, dass sie nicht formelhaft klingt?"

Unsere Erfahrung

In der Tat kann einem die WSK zu Beginn etwas ungewohnt vorkommen. Ein Gespräch nach den vier Schritten zu gliedern und den neuen Wortschatz auf der Ebene der Befindlichkeit und der Bedürfnisse in die eigene Sprache zu integrieren, braucht etwas Übung. Viel wichtiger als der Fokus auf die Schritte, ist jedoch die persönliche Absicht, mit der ein Gespräch verfolgt wird. Ist diese auf einen wertschätzenden, zwischenmenschlichen Kontakt ausgerichtet, wirkt das Gespräch authentisch und lebendig. Gleichzeitig haben wir die Erfahrung gemacht, dass in kritischen Situationen die Orientierung am Vier-Schritte-Modell hilft, auf dem Weg der Wertschätzenden Kommunikation zu bleiben.

Nicht selten bekommen wir auch Rückmeldungen wie: „Auch wenn ich manchmal komisch angeschaut werde, weil ich etwas anders als bisher ausgedrückt habe, merkt mein Gesprächspartner offensichtlich, dass ich es ‚ernst‘ meine und sich etwas im Kontakt bewegt. Ich habe dann den Eindruck, dass die Leute neugierig werden auf die neue Sprache."

Je mehr Sie die neue Ausdrucksweise ausbilden, desto mehr kann sie Teil von Ihnen selbst und Ihrer Lebenseinstellung werden. Die Worte haben dann eine sekundäre Bedeutung. Möglicherweise stellen Sie im Lauf der Zeit fest, wie Sie mehr und mehr Ihren „Freistil" entwickeln und improvisieren, weil Sie das Vokabular bereits verinnerlicht haben. Im Lernprozess wäre das die Stufe der „unbewussten Kompetenz", da Sie, wie beim Autofahren, nicht mehr daran denken, was Sie machen, sondern die Sprache automatisch anwenden. Sie haben dann die ersten drei Lernstufen hinter sich gelassen: Bei der ersten Stufe ist man sich noch gar nicht bewusst, dass man nicht wertschätzend kommuniziert, bei der zweiten weiß man es dann, weil man die Wertschätzende Kommunikation jetzt kennt und bei der dritten Stufe wenden Sie das Modell konzentriert und bewusst an und entwickeln dadurch eine bewusste Kompetenz.

Bedenken

„Im Geschäftsleben kann ich doch meinen Mitarbeitern nicht die Auswahl lassen, was sie gern tun wollen und was nicht. Da soll es einfach funktionieren und unsere Anordnungen müssen befolgt werden."

Unsere Erfahrung

In der Führung kann es Situationen geben, in denen kein „Nein" akzeptiert wird (siehe Abschnitt 11.1.1). Wenn Sie jedoch Ihre dahinterliegenden Anliegen transparent machen und die restliche Zeit wertschätzend mit Ihrem Team umgehen, schaffen Sie die Grundlage dafür, dass Ihre Mitarbeitenden zu Ihnen stehen und Ihnen vertrauen – auch dann, wenn es keine Bitte ist. Im Ernstfall sind diese dann auch bereit, für Sie in die Bresche zu springen.

Bedenken

„Gleichwertigkeit ist ja ein hehres Ziel, doch in Unternehmen gibt es klare hierarchische Strukturen, die eingehalten werden müssen."

Unsere Erfahrung

Auch Hierarchie und Dominanzsysteme erfüllen Bedürfnisse, nämlich nach Klarheit, Sicherheit und Orientierung. Diese können bis zu einem gewissen Grad die Zusammenarbeit erleichtern. Doch kommt es trotz klarer Strukturen und Regeln immer wieder vor, dass sich Mitarbeitende nicht daran halten. Menschen haben das Bedürfnis nach Einflussnahme und Selbstbestimmung und das macht ihr Verhalten bis zu einem gewissen Grad nicht einschätzbar. Sind wir dann in unserem hierarchischen Denken gefangen, laufen wir Gefahr, uns hinter unserer hierarchischen Position zu verstecken und Druck auszuüben. Druck erzeugt Gegendruck oder unfreiwillige Anpassung. Damit ist ein Konflikt vorprogrammiert und die Beziehung steht auf dem Spiel.

Zu leicht wird vergessen, dass die verschiedenen Rollen im Unternehmen durch Menschen ausgefüllt werden. Auf dieser Ebene haben alle etwas gemeinsam: Sie haben Bedürfnisse. Je nachdem, ob diese erfüllt werden oder nicht, ist ihre Befindlichkeit angenehm oder unangenehm. Genau auf dieser menschlichen Ebene wird eine Gleichwertigkeit angesteuert. Das heißt, dass das Bestreben da ist, die Bedürfnisse aller Beteiligten gleichermaßen zu hören und ernst zu nehmen. Was die Kolleginnen und Kollegen auf den verschiedenen Hierarchiestufen unterscheidet ist, dass sie verschiedene Blickwinkel und damit auch unterschiedliche Entscheidungskompetenzen haben. An der Basis haben die Mitarbeitenden den Fokus tendenziell eher auf das Detail gerichtet, auf der höheren Führungsebene wahrscheinlich eher auf den Überblick. Werden die verschiedenen Erlebnis-Welten gegenseitig transparent gemacht, kann das eine riesige Chance für die gemeinsame Lösungsfindung sein. Grundsätzlich gilt auch hier: Je besser die Beziehung und damit das Vertrauen, desto eher werden Vorgaben von oben anstandslos durchgeführt und Entscheidungen mitgetragen.

Bedenken

„Vor lauter Rücksichtnahme und nett sein – wo bleiben da unsere Interessen in der Führung?"

Unsere Erfahrung

Mit dem Fokus, die Bedürfnisse des Gegenübers ernst zu nehmen, kann schnell der Eindruck entstehen, dass man selbst auf der Strecke bleibt. Wertschätzend kommunizieren heißt jedoch nicht, die Wünsche der anderen bedingungslos zu erfüllen, sondern, die Bedürfnisse beider Seiten gleich ernst zu nehmen. Das heißt für die Führungskraft, dass sie auch ihre eigenen Bedürfnisse ernst nimmt. Statt „nett" zu sein, geht es darum, sich beharrlich für sich einzusetzen, ohne die Beziehung zu anderen auf's Spiel zu setzen. Damit können Sie klar Ihre Anliegen benennen und diese nicht nur im Raum stehen lassen, sondern auch ganz konkrete Handlungsschritte einleiten. Einander zu verstehen, heißt nicht gleichzeitig, dass wir miteinander einverstanden sind.

Bedenken

„Wenn wir jetzt unterstützen, dass die Mitarbeiter mehr über ihr Befinden reden, dann befürchte ich, dass Privates in der Firma mehr Gewicht bekommt und die Arbeit darunter leidet."

Unsere Erfahrung

Die Befindlichkeit eines Menschen lässt sich nur schwer in privat und geschäftlich teilen. Haben Mitarbeitende private Sorgen, hat das auch eine Auswirkung auf ihre Leistung am Arbeitsplatz. Die klare Sprachstruktur der WSK ermöglicht einen handlungsorientierten Umgang mit Emotionen und verhindert, dass Menschen darin stecken bleiben. Stattdessen dienen diese als wichtiger Türöffner und Wegweiser zum Kern der Problemlösung, den Bedürfnissen. Da als vierter Schritt immer eine konkrete Bitte benannt wird (siehe Beispiel Konflikt im Meeting im Abschnitt 10.14), fördern Sie die Produktivität miteinander. Damit sparen Sie kostbare Zeit, die oft verloren geht, wenn sich nur Gedanken und „fromme Wünsche" im Kreis drehen.

Bedenken

„Ich habe keine Zeit, in Alltagskonflikten jedes Mal zu erforschen, was dahinter steckt. Meistens muss es schnell gehen, weil wir enormen Druck in unseren Projekten haben. Da braucht es oft ganz schnelle Entscheidungen und bei WSK werden ja die Lösungen erst einmal zur Seite gestellt?"

Unsere Erfahrung

Die Zeitinvestition für tragfähige und nachhaltige Entscheidungen ist meistens höher, als wenn von oben nach unten entschieden wird. Dafür tragen die Beteiligten die Vereinbarungen mit. Das spart mehrfach Zeit bei der Folgearbeit bzw. Umsetzung, weil sich Widerstände und Reibungsverluste deutlich verringern (siehe Abschnitt 3.2: Klare Verständigung spart Zeit und Geld).

11. Nachhaltigkeit – Neue Wege in der Führung

Die Erwartungen und Anforderungen an Führungskräfte sind enorm (siehe Kapitel 3). Erschwerend kommt hinzu, dass viele Firmen zurzeit ums Überleben kämpfen und der zeitliche und finanzielle Druck auf alle Beteiligten sehr hoch ist. Dies kann zu der Annahme verleiten, nur mit klaren Direktiven gäbe es ein Vorwärtskommen. Kurzfristig mag das zu einer Entlastung führen. Die längerfristigen Auswirkungen auf die Beziehung und Leistungsfähigkeit sind jedoch kostspielig, weil sie zu Lasten der Mitverantwortung und Kooperationsbereitschaft gehen. Stattdessen stellen sich folgende Fragen: Inwieweit ist es sinnvoll, Mitarbeitende in Entscheidungsprozesse einzubeziehen, um ihre Kooperationsbereitschaft zu fördern? Welche meiner Fähigkeiten kann ich nutzen, um Mitverantwortung zu fördern? Wie kann ich selbst in diesem Spannungsfeld leistungs- und handlungsfähig bleiben?

11.1   Klarheit und Glaubwürdigkeit leben – konsequent handeln

In Führungstrainings fragen uns Teilnehmer immer wieder, wo denn die Grenze zwischen Bitte und Forderung ist. Was können wir einfach verordnen und ohne Bitte durchsetzen, und wo müssen die Mitarbeitenden mit einbezogen werden? Es kann doch nicht alles besprochen werden! Und was tun, wenn Vereinbarungen nicht eingehalten werden?

„Du musst jeden Tag entscheiden, wer den Preis für deine Führung zahlt: Du oder deine Leute."
Kevin Leman

11.1.1   Der Gestaltungsraum zwischen anordnen und einbeziehen

Grundsätzlich gilt: Wenn Sie mitdenkende, motivierte Mitarbeitende wollen, dann lohnt es sich, die Betroffenen einzubeziehen. Je nach Verantwortungsbereich und Erfahrung derselben, sowie Größe des Unternehmens, unterscheiden wir zwischen den Entscheidungsräumen „keine individuelle Mitsprache" und „Einbeziehen und Konsens finden".

Gestaltungsraum zwischen anordnen und einbeziehen

Tarifvertrag
Betriebsvereinbarungen
Übergeordnete Ziele:
Leitbild, Unternehmensstrategie,
Budgetvorgaben

Teamvision, Strategie
Unternehmenskultur
Teamvereinbarungen
Jahresplanung – Team und Organisation
Zielvereinbarungen – individuell oder Team

Keine Mitsprache ←→ Einbeziehen und Konsens finden

Unternehmensrichtlinien
Sicherheitsvorschriften
Gesetze
Organisationsstruktur
Krisenintervention

Ressourcenplanung – Zeit, Geld, Personal
Stellenbeschreibung, Funktionen
Geschäftsprozesse
Projektaufträge
Gestaltung von Meetings, Führungsgesprächen,
Kunden- und Partnerschaftsbeziehungen

Gewisse Rahmenbedingungen wie allgemeine Geschäftsbedingungen, Ladenöffnungszeiten, Arbeitsverträge, Sicherheitsvorschriften und übergeordnete Ziele, bilden dabei eine Basis, an der sich alle Menschen im Unternehmen orientieren können. Sie trägt zu Struktur und Orientierung bei. Aufgabe der Führungskräfte ist es, darauf zu achten, dass diese eingehalten werden. Die Rahmenbedingungen sind in der Regel vorgegeben und von den Mitarbeitenden nur beschränkt bis gar nicht beeinflussbar. Darauf aufbauend gibt es jedoch einen großen Handlungsspielraum, den Führungskräfte und Mitarbeiter gleichermaßen gestalten und beeinflussen können. Da macht es Sinn, gemeinsam am Strang zu ziehen. Je mehr Sie die Mitarbeitenden einbeziehen, desto größer ist ihre Bereitschaft, Entscheidungen mitzutragen und sich für den Unternehmenserfolg zu engagieren.

Die Schnittmenge zeigt den Gestaltungsraum auf, der je nach Unternehmenskultur und -größe die Bereiche von „Einbeziehen" und „keine Mitsprache" variiert. In Großunternehmen kann die Realisierung von Mitsprache länger dauern als in Kleinbetrieben. Das gegenseitige Wissen über Kompetenzen und Verantwortlichkeiten ermöglicht mehr Flexibilität. Gleichzeitig beeinflusst aber auch der Führungsstil des Managements entscheidend die Größe dieses Gestaltungsraumes.

Der Raum ohne Mitsprache

Mit der Unterzeichnung eines Arbeitsvertrages gehen die Mitarbeitenden eine verbindliche Vereinbarung ein. Je nach Größe des Unternehmens definieren Zusatzvereinbarungen die gemeinsamen Spielregeln. Diese haben die Aufgabe, Struktur, Orientierung und Sicherheit (wirtschaftlich und physisch) zu gewährleisten. Es liegt in der Verantwortung der neuen Mitarbeitenden, ob sie unter diesen Bedingungen ein Arbeitsverhältnis eingehen wollen oder nicht. Alles, was in diesen Bereich fällt, ist nach Unterzeichnung des Vertrags im Bereich von „keine Mitsprache". Werden zum Beispiel die Betriebsvereinbarungen zum privaten Gebrauch des Internets nicht eingehalten, so ist es Ihre Aufgabe als Führungskraft, dies anzusprechen und zu klären. Aber selbst wenn es um nicht verhandelbare Absprachen geht, können Sie den Menschen auf der Ebene der WSK begegnen und das Gespräch auf eine respektvolle Art und Weise führen. Denn es geht nicht darum, jemanden für sein Handeln zu bestrafen, sondern dafür zu sorgen, dass Bedürfnisse erfüllt werden. In diesem Fall könnte es z.B. das Bedürfnis sein, dass die bezahlte Arbeitszeit zum Erfüllen der gemeinsamen Ziele eingesetzt wird. Beispiele dazu finden Sie in Kapitel 10: Gespräche aus der Praxis.

Notfall-Situationen erfordern meist schnelles Handeln. Wenn die Sicherheit der Mitarbeitenden oder des Unternehmens im Vordergrund steht, dann bewegen wir uns in der Regel auch im Rahmen von „Keine Mitsprache". Wir denken hier an Krisenintervention bei Brandfall, Überschreitung von Kompetenzen, körperliche Übergriffe,

Alkoholmissbrauch, Verletzungen von Arbeitszeitregelungen, der Durchführung einer Kündigungswelle oder an einen Produktionsstopp aufgrund finanzieller Engpässe. In der WSK sprechen wir von schützender Anwendung von Macht. In diesen Fällen wird das Bedürfnis nach Sicherheit ausnahmsweise über die anderen Bedürfnisse gestellt. Entscheidend dabei ist, wie Führungskräfte dabei mit den Betroffenen kommunizieren. Machen sie ihr Handeln nicht transparent, laufen sie Gefahr, das Vertrauen ihrer Mitarbeitenden zu verlieren. Damit sinkt im Unternehmen die Toleranz für solche Aktionen. Unsere Praxiserfahrung hat gezeigt: Je besser die Beziehung zu den Mitarbeitenden ist und je offener und transparenter die Kommunikation im Alltag, desto größer ist das Vertrauen bei den „Keine Mitsprache"-Entscheidungen.

> **„Vertrauen ist für alle Unternehmungen das Betriebskapital, ohne das kein nützliches Werk auskommen kann. Es schafft auf allen Gebieten die Bedingungen gedeihlichen Geschehens."**
> *Albert Schweitzer*

Eine Mitarbeiterin in einem Großunternehmen erzählte uns, dass eine größere Kündigungswelle anstehe. Sie sagte, wie gelähmt sie sich im Moment fühle. Sie habe Angst, dass sie die Stelle verlieren und damit ihre wirtschaftliche Sicherheit auf dem Spiel stehen könne. Gleichzeitig sagte sie, es sei zermürbend, nicht zu wissen, woran man sei. Die Kommunikation von oben sei versiegt: „Sogar mein Chef, der mich sonst in alles mit einbezieht, sagt mir, dass er nicht über das Thema sprechen wolle, weil dies im Führungsmeeting so vereinbart wurde. Weil ich aber das Vertrauen habe, dass er mich einbezieht, wann immer er kann, nehme ich ihm das nicht übel – auch wenn es unangenehm ist. Ich bin überzeugt, dass er alles tun wird, um unsere Arbeitsplätze zu sichern." Dieses Beispiel zeigt, dass Mitarbeitende unpopuläre Maßnahmen eher akzeptieren, wenn Vertrauen da ist und die Beziehung stimmt.

Es gibt aber wesentlich mehr Situationen und Möglichkeiten, Mitarbeitende mit einzubeziehen als Fälle von „Keine Mitsprache":

Der Raum von Einbeziehen und Konsens finden

Je mehr Sie Ihr Team an diesen Prozessen teilhaben lassen, desto mehr erreichen Sie Klarheit und Verständnis. Ihre Mitarbeitenden erkennen den Sinn hinter Aufgaben und Entscheidungen. Dies motiviert sie, die gemeinsamen Strategien umzusetzen.

Haben Sie auch schon erlebt, dass Sie sich engagiert eingesetzt haben, weil Sie die Unternehmensstrategien nachvollziehen und Team-Ziele gemeinsam erarbeiten konnten? Einbeziehen schafft Verbindlichkeit. Gelingt es Ihnen, Ihre Mitarbeitenden in die Gestaltung von Geschäftsprozessen einzubinden, profitieren Sie vom impliziten Wissen Ihrer Belegschaft. Das Know-how der Mitarbeitenden optimiert die Prozesse. Es lohnt sich auch, Vereinbarungen gemeinsam zu erarbeiten, die z.B. Verhaltenswünsche in Bezug auf die Zusammenarbeit definieren. Die WSK hilft Ihnen, sich nicht in unfruchtbaren Diskussionen zu verlieren, sondern auf der Bedürfnisebene neue Ideen zu generieren. Vielleicht haben Sie auch schon die Erfahrung gemacht, dass Papier geduldig ist. Es werden Vereinbarungen getroffen und keiner hält sich daran. Damit es nicht bei Lippenbekenntnissen bleibt, ist konsequentes Handeln gefragt. Sprechen Sie sofort an, wenn Vereinbarungen nicht erfüllt wurden und ermutigen Sie Ihre Mitarbeitenden, dies auch zu tun. Damit fördern Sie eine Kultur der Aufrichtigkeit und des Vertrauens. Zugegeben, solche Prozesse brauchen manchmal etwas Zeit und die Verführung, Ziele oder Lösungen im hektischen Alltag einfach vorzugeben, ist groß. Ebenso groß ist aber auch der Preis, den Sie dafür bezahlen. Sie kultivieren damit unselbständige, unmotivierte Mitarbeitende. Die enormen Herausforderungen unserer Zeit verlangen aber nach engagierten Mitdenkern und Mitunternehmerinnen. Die Investition lohnt sich.

> **„Wessen wir am meisten im Leben bedürfen ist jemand, der uns dazu bringt, das zu tun, wozu wir fähig sind."**
> *Ralph Waldo Emerson*

Der flexible Gestaltungsraum dazwischen

Die oben aufgeführte Grafik ist eine statische Darstellung eines stets dynamischen, lebendigen Berufsalltags. Deshalb hat die flexible Schnittmenge als Gestaltungsraum eine wichtige Bedeutung. Auch wenn Betriebsvereinbarungen und Unternehmensrichtlinien vorgegeben sind, lohnt es sich, den Umgang damit immer wieder neu der Situation und dem aktuellen Bedarf anzupassen. Sonst läuft man Gefahr, zu viel Energie in das Einhalten von Richtlinien zu verwenden, statt in das Erfüllen der Unternehmensziele. Wenn wir gehorsam Dinge über uns ergehen lassen, ohne sie zu hinterfragen, riskieren wir, dass Missstände toleriert werden. Die folgenden Beispiele machen deutlich, wie ein flexibler Umgang mit Vorgaben den Mitarbeitenden und dem Unternehmen dient:

Ein Abteilungsleiter in einem Großunternehmen hat offiziell die Vorgabe, das Jahresbudget für Gehaltserhöhungen in seiner Einheit aufzuteilen. Dies hat er gegenüber seinem Bereichsleiter zu vertreten. Anstatt das Budget im Alleingang aufzuteilen, sammelt er zunächst in der Gruppenleiterrunde Argumente für oder gegen die Verteilung. Er bringt seine eigenen Anliegen dazu auf den Tisch. Nach Abwägung aller Anliegen trifft er die Entscheidung und macht sie wieder im Gruppenleiterteam transparent.

In einem Unternehmen hatte die Geschäftsleitung vorgegeben, dass eine bestimmte Anzahl Vollzeitstellen abgebaut werden müsse. Der Stellenabbau hätte einige Leute sehr hart getroffen, weil diese in einem Alter waren, in dem es nicht mehr so einfach ist, eine neue Stelle zu finden. Die Führungskraft der betroffenen Einheit und die Personalverantwortlichen setzten sich mit großem Engagement dafür ein, alternative Lösungen zu finden. Man rechnete den einzusparenden Betrag auf und schaute nach Möglichkeiten, die Budgeteinsparung auf verschiedene Schultern zu verteilen: Frühpensionierungen, Schaffung von Teilzeitstellen und die Unterstützung von Selbständigkeit brachte für alle Beteiligten eine tragbare Lösung.

Nicht zuletzt zeigt auch unser Beispiel aus Abschnitt 9.2 den flexiblen Umgang mit Stellenbeschreibungen zum Wohl der Mitarbeitenden und des Unternehmens. Dies alles hält Organisationen lebendig. Denn unser Umfeld verändert sich rasant und was vor einigen Jahren noch nützlich und hilfreich war, ist heute nicht mehr passend. Gerade auch in Notfällen, einer Krisensituation, kann eine Hierarchie sehr langsam sein. Deshalb kann ein flexibler Umgang mit Richtlinien zum passenden Zeitpunkt durchaus Sinn machen. Es gibt heute bereits Organisationsformen, z.B. die „Soziokratische Kreismethode", die dem Raum von „Einbeziehen und Konsens finden" ein viel größeres Gewicht geben. Im Kapitel 14 erfahren Sie mehr darüber.

> **„Der beste Mitarbeiter ist derjenige,**
> **der seine Kompetenzen im richtigen Moment überschreitet."**
> *Deb Norris*

11.1.2 Vertrauen schaffen durch konsequentes Handeln

Wer glaubwürdig und integer führen will, muss klare Konsequenzen ziehen, wenn Vereinbarungen missachtet werden. Haben Sie auch schon erlebt, dass ein Mitarbeiter nach Ablauf der Probezeit übernommen wurde, obwohl weder damals noch heute die Leistungen den Erwartungen entsprachen? Oder dass stillschweigend eine Stagnation in der Performance hingenommen wurde, obwohl im letzten Entwicklungsgespräch andere Zielvereinbarungen getroffen wurden? Konsequent Handeln heißt, den Mut zu haben, Probleme anzusprechen und anzugehen. Es heißt auch, klar aufzuzeigen was passiert, wenn gemeinsame Vereinbarungen nicht eingehalten werden. Es bedeutet jedoch nicht Sanktionieren. Hinter konsequentem Handeln steht, sich für die Erfüllung von Bedürfnissen einzusetzen. Das schafft Vertrauen bei den Mitarbeitenden. Nehmen Sie z.B. unverhältnismäßig hohe Krankheitszeiten ohne Attest wiederholt hin, ohne mit dem Betroffenen eine Klärung herbeizuführen, sehen sich die übrigen Mitarbeitenden als ungleich behandelt. Dies geht auf Kosten von Vertrauen und Loyalität.

MANAGEMENT SUMMARY

Gute Führung misst sich am Ergebnis der Abteilung. Deshalb lohnt sich die Überlegung, inwieweit Sie Ihr Team in Entscheidungen mit einbeziehen, um die Potenziale auszuschöpfen. Der Raum für Mitsprache ist oft größer als angenommen. Mit einem Konsens von allen Beteiligten schaffen Sie Vertrauen, minimieren Reibungsverluste und steigern die Effizienz. Durch dieses Vertrauen fördern Sie auch die Bereitschaft der Mitarbeitenden, Entscheidungen mitzutragen, bei denen sie nicht einbezogen sind. Wenn Sie mit offiziellen Vorgaben im entscheidenden Moment flexibel umgehen, können Sie zum Wohl der Mitarbeitenden und des Unternehmens beitragen. Lassen Sie Ihre Mitarbeitenden auch wissen, wo die Grenzen liegen, wenn Vereinbarungen nicht eingehalten werden. Wenn Sie dann konsequent handeln, ermöglichen Sie einen fairen Umgang für alle und schaffen Vertrauen.

11.2 Eigene Stärken erkennen und entwickeln mit dem Selbstentwicklungs-Spiegel

Wenn Ihnen daran liegt, mehr Menschlichkeit in Ihrem Umfeld zu leben, haben Sie sicherlich einiges im Buch vorgefunden, was Sie in Ihrem Alltag bereits leben oder auch weiter ausbauen möchten. Es geht nicht darum, perfekt zu sein, sondern das, was Ihren Werten entspricht, zu stärken.

„You don't have to be brilliant. It's enough to become progressively less stupid."
Marshall Rosenberg

Mit folgendem Selbstentwicklungs-Spiegel haben Sie die Möglichkeit, Ihr persönliches Führungsverhalten zu reflektieren und konkrete Handlungsschritte für Ihre persönliche Weiterentwicklung zu definieren. Beantworten Sie für sich folgende Fragen:

1. Wie möchten Sie, dass andere Ihnen begegnen?

2. Was ist Ihnen dabei wichtig?

3. An welchem konkreten Handeln erkennen Sie, dass sich Ihre Mitarbeitenden oder Vorgesetzten nach Ihren Werten verhalten?

4. Tragen Sie Ihre drei wichtigsten Werte aus Frage 2 in die folgende Tabelle ein und treffen Sie auf der Skala von 1 bis 10 eine Selbsteinschätzung: Inwiefern setze ich das, was für mich wichtig ist, in der Führung bereits um? 1=gar nicht, 10=in vollem Umfang.

Wert	Selbsteinschätzung									
	1 ☐	2 ☐	3 ☐	4 ☐	5 ☐	6 ☐	7 ☐	8 ☐	9 ☐	10 ☐
	1 ☐	2 ☐	3 ☐	4 ☐	5 ☐	6 ☐	7 ☐	8 ☐	9 ☐	10 ☐
	1 ☐	2 ☐	3 ☐	4 ☐	5 ☐	6 ☐	7 ☐	8 ☐	9 ☐	10 ☐

5. Schreiben Sie für jeden Ihrer drei Werte drei Dinge auf, die Sie bereits tun, um diesen Wert im Alltag zu leben:

_____

_____

_____

6. Was von dem, was Sie bereits jetzt tun, könnten Sie verstärken, um auf der Skala einen Punkt weiterzukommen (x+1)? Was könnten Sie darüber hinaus noch tun?

_____

_____

_____

7. Folgend finden Sie Fähigkeiten aufgelistet, die wir als hilfreich erachten, um wertschätzend zu führen. Welche dieser Fähigkeiten könnte für Sie nützlich und hilfreich sein, um Ihre Führungskompetenz weiter zu stärken? Kreuzen Sie diejenigen an, die für Sie von größtem Nutzen sind.

☐ Fakten benennen, ohne zu bewerten (Abschnitt 6.1)

☐ Befindlichkeit ausdrücken, ohne Pseudo-Gefühle zu nennen (Abschnitt 6.2)

☐ Bedürfnisse erkennen (bei mir und anderen) (Abschnitt 6.3)

☐ Klare, handlungsorientierte Bitten formulieren (Abschnitt 6.4)

☐ Selbsteinfühlung: den eigenen Empathie-Akku aufladen (Abschnitt 7.1.1)

☐ Perspektivenwechsel: sich in die Schuhe des anderen stellen (Abschnitt 7.1.2)

☐ Vorurteile abbauen (Abschnitt 7.1.3)

- ☐ Die eigene Haltung vor dem Gespräch überprüfen. Will ich, dass Menschen aus freien Stücken kooperieren oder möchte ich sie dazu bringen, etwas für mich zu tun, egal ob sie aus Angst, Schuld oder Schamgefühlen handeln? (Abschnitt 7.1.5)

- ☐ Den Wechsel zwischen dem ICH und dem DU im Gesprächsprozess navigieren und den Win-Win-Fokus im Auge behalten (Abschnitt 6.6)

- ☐ Empathische Verbindung mit dem Gegenüber (Abschnitt 9.1.2)

- ☐ In Möglichkeiten denken: vom „Entweder-oder" zum „Sowohl-als-auch" (4er-ASS) (Abschnitt 7.1.4)

- ☐ Innere Motivation wecken: Wertschätzen statt Loben (Abschnitt 10.8)

- ☐ Misserfolge in Lernchancen transformieren (Abschnitt 8.2)

- ☐ Bedauern ausdrücken (Abschnitt 8.3)

- ☐ Das Ja hinter dem Nein hören (Abschnitt 10.10)

- ☐ Gerüchteküche stoppen und Mitarbeitende in die Selbstverantwortung nehmen (Abschnitt 10.7)

- ☐ Eigen- und Fremdverantwortung erkennen (Abschnitt 9.1.3)

- ☐ Eigenverantwortung übernehmen (Abschnitte 6.3 und 9.1.3)

- ☐ Konsequent Handeln: Vereinbarungen umsetzen, Nichteinhaltung offen ansprechen und Konsequenzen ziehen (Abschnitt 11.1.2)

- ☐ Haltung statt Technik: innerhalb der vier Schritte das eigene Vokabular mit Fokus auf die wertschätzende Verbindung lebendig und authentisch entwickeln (Abschnitt 5.1)

8. Welche konkreten Schritte möchten Sie als Nächstes tun, um diese Fähigkeiten zu trainieren?

_____

_____

_____

MANAGEMENT SUMMARY

Richten Sie Ihre Aufmerksamkeit auf das, was Sie stärken wollen. Anstatt nach dem „idealen Führungsstil" zu streben, lohnt es, sich der eigenen Werte bewusst zu werden und das eigene Handeln danach auszurichten. Damit erreichen Sie Glaubwürdigkeit und eine höchstmögliche Kongruenz in Ihrem Tun.

11.3 Der Nutzen wirksamer und wertschätzender Führung

Wenn Sie die Haltung der WSK mehr und mehr in Ihren Führungsalltag integrieren, können Sie von den Auswirkungen profitieren:

···⟩ Verhalten Sie sich authentisch und integer
Leben Sie vor, was Sie von anderen erwarten. Damit erhöhen Sie die Chancen, dass sich Ihre Mitmenschen auch wertschätzend und kooperativ verhalten. Gleichzeitig gewinnen Sie auch Verständnis für Ihre eigene Person.

···⟩ Handeln Sie konsequent
Sprechen Sie Verletzungen von Vereinbarungen, Konflikte oder Abweichungen von Zielen direkt an. Mit Ihrer Transparenz wächst das Vertrauen.

···⟩ Schaffen Sie Klarheit und Orientierung
Gelingt es Ihnen, den Beitrag der einzelnen Bereiche und Abteilungen zum Unternehmenserfolg zu verdeutlichen, erkennen Ihre Mitarbeitenden, wozu sie täglich arbeiten. Das motiviert. Durch das Offenlegen Ihrer Beweggründe (Bedürfnisse) wissen Ihre Mitarbeitenden, woran sie sind. Daraus entsteht gegenseitiges Verständnis und Vertrauen.

···⟩ Fördern Sie die Effizienz im Team
Wenn Sie Konflikte frühzeitig ansprechen, verringern Sie Reibungsverluste. Sie sparen Zeit, Nerven und Geld. Eine effektive und effiziente Sitzungskultur mit klaren Bitten trägt dazu bei, dass die Zeit aller Beteiligten sinnvoll genutzt wird.

···⟩ Beziehen Sie Mitarbeitende ein
Sind Mitarbeitende von einer Entscheidung direkt betroffen, dann holen Sie sich von ihnen und ihren Kollegen qualifiziertes Feedback ein. Der Blick durch die Brille anderer inspiriert und erweitert den eigenen Horizont. Das trägt zu einer qualitativ hochwertigen Umsetzung der Entscheidungen bei. Gleichzeitig steigt die Wahrscheinlichkeit, dass die Beschlüsse auch von den Betroffenen mitgetragen werden.

···⟩ Führen Sie mit Vertrauen
Schaffen Sie ein Umfeld, in dem Menschen gerne kooperieren und die Ziele erfüllen wollen. Bestärken Sie Ihre Mitarbeitenden, die eigenen Verantwortungsräume zu nutzen. Es liegt in Ihrem Ermessen, den Menschen Vertrauen zu schenken. Wenn Sie befürchten, verletzbar zu werden, dann denken Sie daran, dass Zusammenarbeit ein Prozess des gemeinsamen Lernens ist. Wenn Sie sich auf Augenhöhe mit Ihrem Mitarbeiter verständigen, dann entdecken Sie vielleicht Potenziale, die

er selbst noch nicht kannte. Gleichzeitig wecken Sie auch seinen Mut, Dinge aus-zusprechen, die er nicht sagen würde, wenn Sie hierarchisch führen würden. Das kann die Qualität Ihrer Arbeitsergebnisse enorm steigern.

11.3.1 Vielfältige Ansatzmöglichkeiten mit WSK

Oft werden wir gefragt, ob es überhaupt Sinn macht, die WSK in einzelnen Abteilun-gen zu trainieren, wenn die Geschäftsleitung noch nicht mit einbezogen ist. Die Er-fahrung zeigt, dass es verschiedene Strategien gibt, auf wertschätzende Weise Einfluss zu nehmen. Die Integration dieses Modells, beginnend top down bei Vorstand oder Geschäftsführung, ist eine Handlungsmöglichkeit. Dieser offizielle Charakter hat eine gewisse Hebelwirkung, wenn die Leitung zur partnerschaftlichen Entwicklung der Unternehmenskultur steht. Gleichzeitig erfahren wir jenseits von hierarchischen Prozessen, dass neue Strategien schneller zum Erfolg führen, wenn sie in überschauba-ren Teams initiiert werden. Eine veränderte Beziehungsqualität macht sich außerdem in der Zusammenarbeit spürbar. Das kann einen ansteckenden Nebeneffekt auf be-nachbarte Abteilungen haben.

Häufig lassen sich Führungskräfte im Coaching begleiten. Sie möchten mehr Sicher-heit in ihrer neuen Führungsrolle gewinnen oder wirksamere Gesprächsstrategien trainieren. Nicht selten schließt dann ein Training für den gesamten Bereich an. Die gemeinsame neue Sprache fördert Klarheit und Effizienz im Team.

MANAGEMENT SUMMARY

Gelebte Wertschätzende Kommunikation wirkt sich auf der Beziehungs- und Handlungs-ebene aus. Wenn Sie das tun, was Sie von anderen erwarten, steigen die Chancen, dass sich die anderen entsprechend verhalten. Eine klare und positive Handlungssprache dient der Orientierung. Andere wissen, woran sie sind und tragen Verantwortung mit. Das Einziehen der Beteiligten wirkt entlastend und eröffnet gleichzeitig neue Ressourcen durch Feedback. Konsequentes Handeln stärkt das Vertrauen, das Mitarbeitende brau-chen, um aus eigener Motivation zu kooperieren. Veränderungsprozesse mit WSK sind nicht nur top down möglich. Die direkte Implementierung in einzelnen Abteilungs- und Teamkulturen kann den Fortschritt beschleunigen.

11.4 Ganzheitliches Lebensmanagement für Führungskräfte

Das Spannungsfeld, in dem sich Führungskräfte heute bewegen, ist groß. Im Umgang mit Mitarbeitenden, Kollegen, Kunden, Lieferanten und dem eigenen Chef fällt es sicher manchmal schwer, die eigene Balance im Auge zu behalten. Auch die Familie und das eigene soziale Netzwerk möchte berücksichtigt werden. Zwischen diesen unterschiedlichen Erwartungen stellt sich die Frage, wo man selber steht.

Ganzheitliches Lebensmanagement bedeutet Ausgewogenheit der individuell unterschiedlichen Lebensbereiche wie Arbeit, Beziehungen, Gesundheit von Körper, Geist und Seele, sinnhaftes Tun – beruflich und privat. Die wertschätzende Haltung bezieht alle Elemente mit ein, weil sie sich zentral am Lebensmotor, den Bedürfnissen, orientiert. Gleichzeitig berücksichtigt sie auch, dass wir in einer wechselseitigen Abhängigkeit zu anderen Menschen und auch zu unserer Umwelt stehen. Damit wird das System als Ganzes betrachtet.

Führungskräfte sind keine „Übermenschen" und brauchen dies auch nicht zu sein. Wenn Sie glauben, immer weiteren Erwartungen gerecht werden zu müssen, kommt die wertschätzende Haltung gegenüber der eigenen Person zu kurz. Um mit sich selbst menschlich umzugehen, heißt es, die eigenen Ansprüche auf das Wesentliche zu reduzieren. Werden Sie sich klar, was Ihnen wichtig ist und für welche Anliegen Sie sich stark machen wollen. Denken Sie daran: Sie selbst sind der einzige Mensch, der für die Erfüllung Ihrer Bedürfnisse verantwortlich ist. Hier ist Konsequenz in der eigenen Selbstfürsorge gefragt.

Das bedeutet, sich verletzlich zeigen zu können. Der innere Druck erhöht sich durch den Glauben, keine Schwäche zulassen zu dürfen. Dabei wird wertvolle Energie verschwendet, um die eigene Befindlichkeit zu unterdrücken. Offen zu seinen Gefühlen und Bedürfnissen zu stehen, ist ein Zeichen von Stärke. Sich selbst authentisch wahrzunehmen, gibt Kraft.

Ein Projektleiter erzählte uns von einer Situation, in der es ihm gelang, sich verletzlich zu zeigen: Er hatte seinem Vorgesetzten ein Konzept für eine eintägige Kundenpräsentation vorgestellt. Als Feedback hörte er: „Das kann man auch in einem halben Tag machen." Dank seiner Präsenz gelang es ihm, mit seinen Bedürfnissen in Verbindung zu bleiben und das Ganze offen anzusprechen: „Ich habe mir lange überlegt, wie ich die Inhalte in einen Tag packen kann. Jetzt sagen Sie mir, dass das in einem halben Tag ginge. Ich bin frustriert, weil ich möchte, dass meine Erfahrung gesehen und ernst genommen wird. Wie ist es für Sie, das zu hören?" Das löste beim Vorgesetzten Betroffenheit aus und auch Neugier über die Hintergründe der Konzeption.

Messbar wird die innere Ausgewogenheit ganzheitlichen Lebensmanagements auch an der Herzfrequenz. Der Psychiater und Neurologe David Servan-Schreiber zieht in seiner Forschungsarbeit[xvii] unter anderem Parallelen zur Auswirkung von Empathie, Dankbarkeit und Selbstfürsorge auf den Gleichklang des menschlichen Systems und daraus erwachsende ungeahnte Kräfte. Es gibt mehrere Ansätze, wie Sie die wertschätzende Haltung sich selbst gegenüber unterstützen können, wie z.B. Meditation, Yoga, Sport etc. Ein wirksames Kurzprogramm zur Selbstregulierung ist auch das Herz-Kreis-Training[xviii], welches in zwölf Minuten täglich leicht in den Alltag integriert werden kann.

Wir laden Sie ein, für einen Moment einen Schritt zurück zu treten, um danach gestärkt vorwärts zu gehen. Welche Antworten aus den nachfolgenden Fragen nehmen Sie sich zu Herzen? Welche Handlungsschritte resultieren für Sie daraus? Achten Sie darauf, dass diese groß genug sind, um attraktiv zu sein und klein genug, damit sie realistisch in Ihrem Alltag umsetzbar sind.

Checkliste für ganzheitliches Lebensmanagement	
Selbstreflexion	Welche Gedanken der vergangenen Woche verfolgen Sie noch? Schreiben Sie sie auf und überlegen Sie sich, mit welchen der folgenden Maßnahmen Sie diese Gedanken entschlüsseln bzw. aktiv angehen wollen. Bauen Sie sich dafür in Ihre Woche Stationen der Selbstreflexion ein. ⤳ Wann wäre ein guter Zeitpunkt für Sie?
Empathie-Akku	Bei Druck, Ärger, Enge Nehmen Sie sich eine Auszeit für Ihr eigenes Kopfkino. Werden Sie sich Ihrer wertenden Gedanken bewusst und übersetzen Sie diese in die vier Schritte. (Siehe auch Umgang mit Ärger in Abschnitt 10.4.) Wenn es Ihnen gelingt, sich mit Ihrem eigenen Mensch-Sein zu verbinden, füllt sich Ihr Empathie-Akku von ganz alleine wieder auf. Deshalb ist diese Übung auch eine gute Burnout-Prophylaxe. ⤳ Worüber haben Sie sich heute geärgert? Welches Befinden verbirgt sich hinter dem Ärger? Welches Bedürfnis zeigt auf, dass Sie Mensch sind?
Wertschätzung für sich selbst	Werden Sie sich Ihrer Erfolge bewusst und würdigen Sie das, was Ihnen täglich gelingt. Damit stärken Sie Ihr Selbstvertrauen und setzen Kraftressourcen frei. ⤳ Was ist Ihnen heute gut gelungen? Auf was, das Sie heute getan haben, schauen Sie mit Zufriedenheit zurück?

Dankbarkeit	Jeden Tag geschehen Dinge, die man feiern kann. Ein Kollege, der vor der Arbeit schon das ganze Büro durchlüftet; eine Kundin, die sich bei Ihnen bedankt oder ein Autofahrer, der Sie mit einem Lächeln und freundlichen Winken über die Straße lässt. Werden Sie sich bewusst, welche Bedürfnisse dadurch täglich erfüllt werden. Feiern Sie diese Fülle und tanken Sie sich damit auf. Sie werden erstaunt sein, wie belebend und stärkend das ist. ⇢ Wer hat Ihnen heute schon das Leben bereichert? Welche Ihrer Bedürfnisse haben sich dadurch erfüllt?
Feedback- und Anerkennungs- bitte	Bemühen Sie sich Tag für Tag, ohne zu wissen, ob das, was Sie leisten, auch gesehen wird und Sinn macht? Warten Sie nicht darauf, bis andere auf die Idee kommen, Ihnen eine positive Rückmeldung zu geben. Setzen Sie sich aktiv mit der Feedback- oder Anerkennungsbitte dafür ein, und erfragen Sie bei der Chefin oder dem Kollegen, welchen Sinn Ihr Beitrag macht (siehe Abschnitte 6.4 und 10.8.3). ⇢ Von wem hätten Sie gerne einmal gewusst, inwiefern das, was Sie täglich tun, zum Erfolg beiträgt? Wie formulieren Sie das?
Auftanken durch WSK und Beziehungs- stärkung	Ein funktionierendes Beziehungsnetz ist eine weit reichende Kraftquelle. Investieren Sie ganz bewusst in Ihre Beziehungen und pflegen Sie Freundschaften. Nehmen Sie sich zum Beispiel Zeit für einen informellen Austausch, eine gemeinsame Mittagspause oder ein gemeinsames Team-Event. Der Neurotreibstoff, der durch gelungene Beziehungen ausgeschüttet wird, wirkt sich positiv auf Ihre Herzkohärenz und damit auch auf Ihr Wohlbefinden aus. Im Kapitel 12 finden Sie weitere Inspirationen, wie Sie Beziehungen pflegen können. ⇢ Welche Beziehungen, die Ihnen kostbar sind, möchten Sie bewusst pflegen? Was könnte ein erster Schritt sein, um dies zu tun?
Selbstfürsorge: Gesundheit pflegen	Um langfristig leistungsfähig zu bleiben, brauchen wir neben Anspannung auch Erholung. Gesundheit ist unser höchstes Gut und oft merken wir erst dann, wenn uns etwas fehlt, wie kostbar sie uns ist. Es liegt in unserer Verantwortung, dafür Sorge zu tragen. ⇢ Wie wohl fühlen Sie sich in Ihrem Körper? Welche seiner Bedürfnisse werden jetzt, wenn Sie das lesen, erfüllt? Welche kommen zu kurz? Wie ist Ihr Befinden? Was konkret wollen Sie jetzt tun, um Ihren Bedürfnissen Rechnung zu tragen?
Entscheiden auf der Basis von Bedürfnissen	Machen Sie sich täglich die Wahlfreiheit bewusst, die Sie im Leben haben. Sie haben immer die Möglichkeit, zu entscheiden. Die Frage jedoch ist, ob Sie bereit sind, den Preis für die Entscheidung zu bezahlen. Wenn Sie auf der Basis von Bedürfnissen entscheiden, dann verwandeln sich oft „Entweder-oder"- in „Sowohl-als-auch"-Entscheidungen. Damit gehen neue

	Handlungsspielräume auf. Siehe auch: Entscheidungen treffen (Abschnitt 9.2) und Innerer Kritiker und innerer Entscheider (Abschnitt 8.2). Ein Nein heißt auch immer ein Ja zu den eigenen Bedürfnissen (Abschnitt 6.4: Zum Handeln bewegen).
	⋯⋗ Welche Handlung haben Sie aufgeschoben oder sagen sich selbst „Ich muss das tun."? Machen Sie sich klar, welche Bedürfnisse Sie sich damit erfüllen und entscheiden Sie dann, wie Sie handeln.
Die Mitarbeitenden als Kooperationspartner sehen	Nutzen Sie das Potenzial, das Sie in Ihrem Team haben. Sehen Sie Ihre Mitarbeitenden als Mitunternehmer und beziehen Sie diese soweit wie möglich in Ihre Entscheidungen mit ein. Daraus entsteht Motivation, mit anzupacken und Aufgaben zu übernehmen. Die Zeit, die Sie durch Delegieren gewinnen, können Sie für Ihre Führungsaufgaben und Ihre Beziehungspflege nutzen. So erkennen Sie auch, wie die Mitarbeitenden mit den ihnen übertragenen Aufgaben zurechtkommen. Das gibt Sicherheit auf beiden Seiten. Grundsätzlich gilt, je erfahrener die Angestellten sind, desto weniger Rückkoppelung braucht es.
	⋯⋗ Welche Arbeiten, die Sie auf Ihrer Aufgabenliste haben, könnten Sie delegieren? Was brauchen Sie, um das tun zu können?
Nachhaltigkeit und der Blick auf das Ganze	Wir leben und arbeiten in Gemeinschaften und teilen uns diese Erde. Was wir tun oder auch nicht tun, hat einen Einfluss auf unser Umfeld und unsere Umwelt. Deshalb braucht es bei Entscheidungen auch immer einen Blick auf das Ganze. Um nachhaltig zu einer Welt beizutragen, in der es Freude macht zu leben und gemeinsam unterwegs zu sein, braucht es das Engagement von jedem Einzelnen.
	⋯⋗ Was ist Ihr (täglicher) Beitrag für die Umwelt und die soziale Gemeinschaft? Welche Bedürfnisse erfüllen Sie sich damit?

MANAGEMENT SUMMARY

Nehmen Sie den Stress heraus und reduzieren Sie die eigenen Ansprüche auf das Wesentliche. Führungskräfte sind keine „Übermenschen". Erhalten Sie Ihre Leistungskraft und Lebenszufriedenheit durch regelmäßige Selbstreflexion und konkrete Handlungsschritte. Denn Sie selbst sind der einzige Mensch, der verantwortlich ist für die Erfüllung Ihrer eigenen Bedürfnisse. Damit beugen Sie dem Burnout vor und erhalten sich die Freude an Ihrem Tun.

12. Neun Strategien für wirksames Beziehungsmanagement

Ob bei der Arbeit, im Verein, in der Familie oder in der Politik – überall bewegen wir uns in Beziehungsnetzen. Man trifft sich, tauscht sich aus, empfiehlt weiter, hilft sich gegenseitig und nimmt gemeinsam Einfluss auf das, was rundherum geschieht. Virtuelle Netzwerke schießen wie Pilze aus dem Boden, man hat Freunde auf Facebook, Twitter oder in anderen Chatrooms und verlinkt sich in Business-Netzwerken. Wie im dritten Kapitel ausgeführt, ist der Mensch aus biologischer Sicht ein Beziehungswesen, das nach Kooperation, Wertschätzung und Anerkennung strebt. Deshalb entspricht das Vernetzen und aktive Aufbauen von Beziehungen dem Menschen.

Bei einem wirksamen Beziehungsmanagement ist nicht die Anzahl der Kontakte, sondern die Qualität der Beziehungen entscheidend. Bauen diese Beziehungen auf einem Fundament von Vertrauen, Partnerschaftlichkeit und Gleichwertigkeit auf, so haben Sie zum einen ein wertvolles soziales Auffangnetz für schlechte Zeiten. Zum anderen – und hier schließen wir den Bogen zu unserem neuen Wissen über die Jungsteinzeit (siehe Kapitel 3) – liegt hier ein großes Potenzial für Fortschritt, Wachstum und ein friedvolles Miteinander.

Im Berufsalltag zeigt sich auch, dass gerade in Hierarchien inoffizielle Beziehungsnetze eine große Bedeutung haben. Sie beeinflussen offizielle Strukturen. Mit einem aktiven Stakeholder-Management zum Beispiel, versucht man Menschen für ein Projekt zu gewinnen, die ebenfalls am Erfolg dieses Vorhabens Interesse haben. Damit wird ein Projekt auf verschiedenen Schultern getragen – dies erhöht die Wahrscheinlichkeit, dass es erfolgreich umgesetzt wird.

Ein bewusstes Pflegen von Beziehungen, zu sich selbst und anderen, liegt nahe. Mit den neun Strategien für wirksames Beziehungsmanagement fassen wir die essentiellen Inhalte Wertschätzender Kommunikation und die darunterliegende Haltung zusammen. Wir zeigen Ihnen, wie Sie das, was Sie in diesem Buch erfahren haben, aktiv in Ihrem Berufsalltag umsetzen können.

1. Strategie: Haltung

Unser Denken prägt unser Handeln. Wenn wir daran glauben, dass Menschen grundsätzlich gern zur Erfüllung von Bedürfnissen beitragen, wenn sie mit ihren eigenen Anliegen respektiert werden, dann wird es leichter fallen, auf unser Gegenüber in schwierigen Situationen einzugehen. Ein wohlwollendes Menschenbild ist das Herzstück der Wertschätzenden Kommunikation. Diese als Technik einzusetzen, um andere dahin zu bringen, das zu tun, was Sie wollen, wird nicht funktionieren, ohne Beziehungen zu beschädigen. Entscheidend ist, ob Sie das, was Sie sich von anderen wünschen, bereit sind, vorzuleben. Auch wenn dies anfangs noch nicht in jeder Situation gelingen mag, können Sie sich dazu täglich neu entscheiden.

Tipp: Überprüfen Sie Ihre innere Haltung mit folgenden Fragen:

- Wie wirkt sich das, was Sie von Ihrem Gegenüber denken, auf das Gespräch aus? Seien Sie sich dabei bewusst, dass Sie bestimmen, was Sie denken.
- Bevor Sie ins Gespräch einsteigen: Sind Sie bereit, Ihr Gegenüber als Mensch statt als Kontrahent zu sehen?
- Sehen Sie das Verhalten des anderen als Handlung gegen Sie oder für ihn selbst?

> **„Handle stets so, dass die Wirkungen verträglich sind mit der Permanenz echten menschlichen Lebens auf Erden."**
> *Hans Jonas*

2. Strategie: Selbstklärung

Bevor Sie Störungen ansprechen, braucht es Klarheit, worum es geht. Die Selbstklärung trägt dazu bei, zu unterscheiden zwischen dem, was wir wahrnehmen und der Frage, welche Bedeutung wir den Fakten geben. Sind die Urteile und Vorbehalte, die durch das Verhalten einer Person ausgelöst werden, so groß, dass sie starke emotionale Reaktionen bewirken, dann gilt es, einen Schritt zurückzutreten. Erst wenn alle Urteile erkannt sind, haben Sie Chancen, im Kontakt mit den eigenen Bedürfnissen wieder offen auf den anderen zuzugehen.

Tipp: Laden Sie zuerst Ihren persönlichen Empathie-Akku auf, bevor Sie ins Gespräch einsteigen. Wenn die Urteile über den anderen so stark sind, dass es Ihnen nicht gelingt, sich mit Ihren eigenen Bedürfnissen zu verbinden, dann holen Sie sich ein empathisches Ohr aus Ihrem Netzwerk.

> **„Wenn wir unsere Bedürfnisse nicht ernst nehmen, tun es andere auch nicht."**
> *Marshall Rosenberg*

3. Strategie: Positive Handlungssprache

Orientieren Sie sich bei herausfordernden Gesprächen an den vier Schritten der positiven Handlungssprache. Wenn es Ihnen gelingt, Ihrem Gegenüber aufzuzeigen, um was es Ihnen geht, ohne Schuldzuweisung, Urteil oder wertende Kritik, haben Sie eine gute Chance gehört zu werden. Mit dem Zeigen Ihrer Befindlichkeit und Ihrer Bedürfnisse werden Sie in Ihrem Gegenüber Resonanz auslösen, denn auf dieser Ebene sind alle Menschen gleich, und das verbindet. Mit dem vierten Schritt, einer klaren Bitte, geben Sie Ihrem Gegenüber die Chance, das für Sie zu tun, was Sie sich in dem Moment am meisten wünschen.

Tipp: Schreiben Sie sich bei wichtigen Gesprächen die vier Schritte im Vorfeld auf. Diese Vorbereitung hilft, sich innerlich auf das auszurichten, was einem wichtig ist. Mit dem 4er-ASS im Ärmel stellen Sie sicher, Flexibilität im Gespräch zu bewahren.

> „Gib anderen eine Chance, sage, was du willst."
> *Marshall Rosenberg*

4. Strategie: Das Ziel der Verbindung im Auge behalten

Überprüfen Sie, bevor Sie in ein Gespräch gehen, Ihre damit verbundene Absicht. Wollen Sie Ihr Gegenüber dazu bringen etwas für Sie zu tun, egal ob er es aus freien Stücken tut oder nicht? Dann ist der Widerstand schon vorprogrammiert, und die Beziehung leidet erheblich darunter. Behalten Sie jedoch das Ziel der Verbindung im Auge, steigt die Wahrscheinlichkeit, dass eine gemeinsame Lösung gefunden wird. Denn nur dann, wenn Sie in Verbindung mit dem Gegenüber sind, kann das Gespräch konstruktiv weitergeführt werden.

Tipp: Nehmen Sie während des Gesprächs kurz die Vogelperspektive ein. Wenn Sie sich von außen betrachten: Was glauben Sie ist die Absicht der Gesprächsführung, Durchsetzen oder Verbindung? Das Bewusstsein darüber, wo man sich gerade befindet, hilft, die Strategie bewusst zu wählen.

> „Erst verstehen, dann verstanden werden."
> *Stephen Covey*

5. Strategie: Präsenz

Unter Präsenz verstehen wir die Fähigkeit, mit der ganzen Aufmerksamkeit im Hier und Jetzt zu sein. Ihre volle Konzentration ist bei dem, was jetzt ist – entweder bei Ihnen selber oder bei Ihrem Gegenüber. Das ist eines der größten Geschenke, die wir uns gegenseitig machen können. Sicher haben Sie auch schon erlebt, wie wohltuend es ist, wenn Ihnen jemand mit seiner ganzen Präsenz zuhört, ohne einen Ratschlag oder eine Lösung zu liefern. Damit steigt das Vertrauen, ernst genommen und akzeptiert zu werden.

Tipp: Gehen Sie in Mitarbeitergesprächen mit Ihrer Aufmerksamkeit bewusst in den jetzigen Moment. Dies erleichtert es Ihnen, den Fokus auf das aktuelle Befinden der Beteiligten zu lenken, anstatt im Kopf schon an einer Lösung zu basteln. Wenn Sie innerlich nicht frei dafür sind, dann vertagen Sie das Gespräch. Es ist angenehmer mit einem Chef zu sprechen, der in Gedanken da ist, als wenn er auf die Uhr schaut, parallel dazu SMS beantwortet oder eigene Probleme wälzt.

> „Don't just do something, stand there."
> *Quelle unbekannt*

6. Strategie: Empathie

Empathie ist der starke Faden, aus dem Beziehungsnetze gewoben werden. Die Welt aus den Augen des Gegenübers zu sehen und dabei für einen Moment die eigene Sichtweise außer Betracht zu lassen, ist eine hohe Form von Sozialkompetenz. Damit schaffen wir nicht nur Vertrauen und Verbindung zum Gegenüber, sondern erweitern auch unseren persönlichen Horizont. Wenn wir glauben, unsere „Pappenheimer" bereits zu kennen, entgeht uns mit dieser Einstellung die Entwicklung unserer Mitarbeitenden oder Mitmenschen. Die Welt des Gegenübers zu verstehen, heißt nicht, damit einverstanden zu sein. Es bedeutet, den Menschen mit seinem Befinden und Bedürfnissen ernst zu nehmen. Empathisch verbinden können Sie sich auch ohne Worte, einfach durch Präsenz und Anteilnahme. Wenn Sie nicht mehr sicher sind, ob Sie wirklich beim Gegenüber sind, dann erahnen Sie wohlwollend die Befindlichkeit und die Bedürfnisse des Gegenübers. Damit helfen Sie der Person, in Kontakt mit den eigenen Emotionen und Bedürfnissen zu kommen und daraus eigene Handlungsmöglichkeiten zu entwickeln.

Tipp: Überprüfen Sie im Gespräch, wo Sie gerade im Kommunikationsprozess stehen. Sind Sie mit Ihrer eigenen Welt beschäftigt oder haben Sie Ihre Sensoren ganz zum Gegenüber ausgefahren?

> **„Verständnis heißt nicht einverstanden sein. Es dient den Bedürfnissen, nicht den Taten."**
> *Marshall Rosenberg*

7. Strategie: Eigenverantwortung

Eigenverantwortung heißt, die Verantwortung für das eigene Denken, Fühlen und Handeln zu übernehmen. Es liegt in Ihrer Entscheidungsmacht, ob Sie den Menschen wohlwollend begegnen und davon ausgehen, dass diese nicht gegen Sie, sondern für sich handeln. Wenn Sie sich bewusst sind, dass Ihr Befinden durch unerfüllte Bedürfnisse verursacht wird und nicht durch das Handeln anderer, bleiben Sie handlungsfähig. Sie sind der einzige Mensch, der verantwortlich ist für die Erfüllung Ihrer Bedürfnisse – damit können Sie auch aktiv Einfluss darauf nehmen, wie Sie sich fühlen. Letztendlich liegt es in Ihrem Verantwortungsbereich, was Sie sagen, hören oder tun. Mit anderen Worten heißt das auch, dass Schuldzuweisungen, Urteile und wertende Kritik eine „Opferhaltung" verstärken. Wenn wir lernen, die Verantwortung für unser Denken, Fühlen und Handeln zu übernehmen, stehen uns vielfältige Entwicklungsmöglichkeiten offen. Das fördert eine Kultur der Kooperation, Gleichwertigkeit und Menschlichkeit.

Tipp: Wenn Sie starken Ärger verspüren, fragen Sie sich, ob Sie gerade dabei sind, dem Gegenüber die Schuld für Ihr Unwohlsein in die Schuhe zu schieben. Wenn ja, dann übersetzen Sie mit dem Ärgerprozess Ihre Urteile in Bedürfnisse. Damit haben

Sie eine gute Chance, wieder Einfluss auf Ihr Wohlbefinden nehmen zu können und nicht im destruktiven Denken gefangen zu bleiben.

> „Selbstverantwortung ist der lebensspendende Brunnen, der uns befähigt,
> in der Wüste zu leben, ohne uns mit ihr zu versöhnen."
> *Reinhard Sprenger*

8. Strategie: Win-Win

Wenn Sie erfolgreich verhandeln wollen, behalten Sie die Bedürfnisse aller Beteiligten im Auge. Wenn Sie Ihre Bedürfnisse über die des anderen stellen, sind Widerstand und verhärtete Fronten vorprogrammiert. Auch hier gilt: Verstehen heißt nicht einverstanden zu sein, sondern ernst zu nehmen, was Menschen bewegt. Win-Win heißt, den Fokus von fixen Vorstellungen zu lösen und nach neuen Handlungsstrategien zu suchen, welche die Bedürfnisse aller berücksichtigen.

Tipp: Bevor Sie in eine Verhandlung gehen, machen Sie sich klar: Es ist genug für alle da. Parken Sie Ihre „Lieblingslösung", um wirklich offen für die Bedürfnisse der Beteiligten zu bleiben. Schauen Sie sich auch die Welt aus der Perspektive des Gegenübers an. Sind alle Anliegen erst einmal auf dem Tisch, zeigen sich vielfältige Handlungsmöglichkeiten. Dann ist es nur ein kleiner Schritt hin zu Win-Win-Lösungen, mit denen nicht nur alle leben können, sondern auch alle zufrieden sind.

> „Menschen sind bereit zu verhandeln, wenn ihre Anliegen gehört werden."
> *Marshall Rosenberg*

9. Strategie: Erfolge feiern

Richten Sie Ihren Fokus auf das, was in Beziehungen schon gut funktioniert. Feiern Sie das gemeinsame Erreichen von Meilensteinen, Zielen oder erfüllten Träumen, und kosten Sie die Kraft aus, die darin steckt. Gemeinsames Feiern und Dankbarkeit verbindet Menschen miteinander und gibt Rückhalt in stürmischen Zeiten. Wenn Sie die Beiträge Ihrer Mitarbeitenden sehen und diese konkret rückmelden, geben Sie ihnen darüber hinaus Gelegenheit, aus freien Stücken mehr davon zu tun. Sie schaffen ein Umfeld, in dem Menschen mit Freude einen Beitrag leisten. Denn es bestärkt, mit den eigenen Beiträgen wahrgenommen zu werden.

Tipp: Beginnen Sie Ihre Meetings damit, das aufzuzählen, was seit dem letzten Treffen erreicht wurde. Schreiben Sie selbst ein Dankbarkeits-Tagebuch oder nehmen Sie sich jeden Tag auf dem Heimweg ein paar Minuten Zeit, zu feiern, was Ihnen gut gelungen ist oder wie Menschen Ihnen das Leben erleichtert haben. Sie setzen damit Ressourcen frei.

> „Ich bin dankbar, nicht weil es vorteilhaft ist, sondern weil es Freude macht." – *Seneca*

13. Interviews – wie WSK im Unternehmensalltag wirkt

Wir durften bisher zahlreiche Menschen aus unterschiedlichen Arbeitsbereichen bei der Umsetzung der Wertschätzenden Kommunikation begleiten. Viele haben die neue Sprache und Lebenshaltung ausprobiert und sich trotz anfänglicher Bedenken nicht entmutigen lassen. Sie haben Führung mit WSK als eine lohnende Investition erkannt. Einige davon geben uns Einblick in ihre vielfältigen Erfahrungen. Damit möchten wir einen Querschnitt von genutzten Chancen aufzeigen, in Konsumgüterkonzernen, Alters- und Pflegeheimen, Hochschulen und in Banken. Dabei wurde die WSK als Organisations- und Personalentwicklungsmaßnahme zum einen von der Leitungsebene aus implementiert. Zum anderen brachten einzelne Führungskräfte den Prozess in ihre Bereiche. Mit der Erkenntnis, dass sich Beziehungen bereits verändern, wenn nur eine Person anders kommuniziert.

Wir schätzen die Vielfalt unserer Klientinnen und Kunden und die Art und Weise, ihre Erfahrungen offen und authentisch mitzuteilen. Um dies zu respektieren, haben wir die Texte größtenteils im Originalausdruck belassen.

Wenn sie diese Erfahrungen ermutigen, freuen wir uns, wenn Sie sich selbst damit auf den Weg machen. Beginnen kann dies mit Einführungstrainings und begleitendem Coaching für Führungskräfte, dem sinnvollerweise weiterführende Seminare für Teams und Abteilungen folgen können – von der Begleitung des Managements in Veränderungsprozessen der Unternehmenskultur bis hin zur Ausbildung von Multiplikatoren für verschiedene Organisationsbereiche. Je mehr Menschen in einem Unternehmen trainiert werden, desto nachhaltiger kann ein Kulturwandel gelingen.

C.B., Marketing Director:

Was hat sich mit der Wertschätzenden Kommunikation in Ihrem Arbeitsumfeld verändert?

Die WSK hat mir geholfen, meine Bedürfnisse zu kanalisieren. Besonders in Situationen, in denen ich ins Stocken gerate und es mir schwerfällt, mich zu artikulieren. Ich hinterfrage viel häufiger den Sinn und das Bedürfnis meines Gegenübers und komme so in eine „Vogelperspektive" zur Situation: „Was meinen Sie damit, woran machen Sie es fest?" Die WSK hat meinen „Autopiloten" verlangsamt, sie gestaltet meine Kommunikation klarer. So erkenne ich meine automatischen Verhaltensweisen und trainiere neue Möglichkeiten der Kommunikation. Früher habe ich mich öfter hinreißen lassen, im Affekt zu erwidern. Jetzt frage ich mich zuerst, welches Bedürfnis steckt dahinter, welche Hypothesen könnte ich aufstellen, wie geht es dem Gegenüber? Das hilft mir in Kontakt mit meinem Chef, meinen Mitarbeitenden und mit mir selbst zu bleiben. Gleichzeitig nehme ich so die Geschwindigkeit aus dem Gespräch raus und gewinne Zeit zum Nachdenken. Durch WSK in der Gesprächsvorbereitung habe ich eine klare Fokussierung und Effizienz in meiner Kommunikation gewonnen.

Was bedeutet das als Leiterin der Marketing-Abteilung in Ihrer Art zu führen?

Ich habe jetzt eine eindeutigere Führung, bin stärker im situativen Führen. Jeder Mitarbeiter braucht etwas anderes, Sicherheit, Freiheit, Unterstützung ... Ich frage mich: „Welche Bedürfnisse haben sie, welche habe ich, welches Ziel hat die Stelle in der Abteilung?" Trotz alledem kann ich auch locker bleiben, indem ich das Modell auf mein Naturell anwende, modifiziere und meine eigene Sprache wähle. Aus meiner Erfahrung heraus braucht das nicht so rigide zu sein, jeden Schritt auszusprechen, sondern vorwiegend die Bedürfnisse und den Wunsch, nachdem die Beobachtung geklärt ist. Ich frage dazu Beispiele bei meinen Mitarbeitern oder meinem Chef ab, woran sie Aussagen, Bewertungen oder Kritik festmachen. Vielen fällt es erstmal schwer, konkrete Beispiele oder gar eigene Bedürfnisse zu benennen. Ich kann das gut nachempfinden, denn es ist nicht so einfach eigene Bedürfnisse „aufzuspüren und auszudrücken". Mir fällt auf, dass mein Gegenüber dadurch noch mehr in die eigene Verantwortung gebracht wird und sich dann mit der Situation noch intensiver auseinandersetzt.

Die WSK hat also Ihren Führungsstil sinnvoll ergänzt?

Ja, meine Art, kooperativ zu führen. Ich möchte im Dialog bleiben und das beste Ergebnis erzielen, indem ich die Sichtweise der Mitarbeiter mit einbeziehe und sie und ihre Meinung auch wertschätze. Denn sie sehen ja das Unternehmen, die Aufgaben, die Problematik unter anderen Gesichtspunkten als ich es sehe – als Mensch auf Augenhöhe. Ich versuche, Potenziale in ihnen zu wecken, die sie vielleicht noch nicht kennen. Da kann ich den Mut wecken, dass die Mitarbeiter Dinge aussprechen, die sie nicht sagen würden, wenn ich hierarchisch führen würde. Das ist für mich und das Unternehmen ein Gewinn.

Dazu gehört auch viel Vertrauen, offen die Dinge auszusprechen. Ich entscheide für mich, macht es Sinn oder nicht, mich damit auseinanderzusetzen. Es ist ein Irrglauben, dass Mitarbeiter nicht alles mitbekommen, was im Haus läuft. Mir liegt daran, dass sie eine offene Kultur haben, dass sie sich trauen, mir so viel wie möglich rückzukoppeln. Dass sie mit mir in den Dialog gehen, nicht nur einmal pro Jahr wenn Zielvereinbarungsgespräch ist, sondern wirklich die 360-Grad-Betrachtung ganzjährig praktizieren! Die läuft bei mir eigentlich ständig, weil die eigene Arbeit dadurch optimiert wird.

Eine Mitarbeiterin sagte mir vor versammelter Abteilung, dass sie immer auf brennenden Kohlen sitzt, wenn wir Meetings haben, das nervt sie so. Ich habe mir Gedanken gemacht, inwieweit hat sie recht, kann man da etwas ändern. Beim nächsten Meeting habe ich angesprochen, warum das so sein könnte. Es gab keinen dabei, der auf die Zeit schaute, ich kümmerte mich um Prozess und Themen und die Teammitglieder kamen unvorbereitet, was die langen Sitzungen zur Folge hatte. Die Lösung, die wir gemeinsam erarbeitet haben war, dass einer auf die Zeit achtet, jeder um gute Vorbereitung gebeten wird und Themen frühzeitig für die Agenda eingebracht werden. Man wurde sich auch darüber einig, dass keine „Hausaufgaben" in der Sitzung erarbeitet werden. Ich habe damit kooperativ in die Handlung geführt. Die Mitarbeiterin macht jetzt einen zufriedenen Eindruck, sie wurde ernst genommen und gehört. Und mir ist auch klar, wo ich noch eindeutiger führen muss.

Wie gehen Sie mit den aktuellen wirtschaftlichen Herausforderungen um?

Das Problem in Krisenzeiten sehe ich darin: Alle machen noch mehr vom Gleichen. Die Mitarbeiter sind schnell zur Räson zu bringen, erstarren, sind obrigkeitshörig. Das nimmt die Lebendigkeit und damit die Produktivität, es gibt dann wenig oder keine Ideen, Innovationen und Mut. Dem versuche ich durch Transparenz und Einbeziehen entgegenzuwirken. Ich fördere Lachen, Stabilität, Vertrauen und Kreativität. Und versuche allen vorzuleben, dass Rückschritte auch Fortschritte sein können. Denn gekürzte Ressourcen und Budget erfordern Kreativität und Umdenken. Wir hinterfragen herkömmliche Aktionen, Promotion und stellen alles auf den Kopf, denken quer. Wir leben in einer spannenden Zeit, die uns viel fordern aber auch weiterentwickeln wird. Und dabei versuche ich auch ganz Mensch zu bleiben und Niederlagen, Fehler und Rückschläge mit ihnen zu teilen.

Wie sehen Sie Ihre Selbstführung?

Als Perfektionistin bin ich ständig im Widerstreit. Selbstführung ist für mich Reflexion, mir Zeit zu nehmen, was war gut in meiner Arbeit oder was war nicht so gut. Ich schau es mir an und gucke, wie mache ich es das nächste Mal. Oder ist es wichtig, noch etwas im Nachhinein zu korrigieren? Zu wissen, was sind meine Stärken und Schwächen, an der Intensivierung meiner Stärken zu arbeiten und auch den Mut haben, Schwächen zuzulassen wie spontane Ideen, Aktionismus, viele Aufgaben, Multitasking, Ungeduld. Es ist auch wichtig, eine Leitplanke für bestimmte Mitarbeiter zu haben, um zu sehen, was braucht er, um noch weiter zu kommen. Meine Erfahrung ist: Zu führen mit gutem Beispiel (inklusive Fehlerbereitschaft!) ist die beste Motivation. Wie ich mich selbst führe, so führen sich auch die Mitarbeiter im Unternehmen.

Wie ist die Verständigung über die eigene Abteilung hinaus?

Um für mich auch unangenehme Dinge vor versammelter Mannschaft auszusprechen, hilft mir die WSK auch gut. Indem ich sage, was mein Bedürfnis ist und was ich mir dabei wünsche. Durch die Struktur der vier Schritte kann ich schwierige Botschaften klarer rüberbringen, z.B. auch personelle Veränderungen. Früher habe ich schlechte Botschaften mehr verklausuliert und in Watte gepackt. Jetzt kann ich mich besser darauf vorbereiten. Das heißt auch, dass ich eine Situation für mich selbst lösen kann. Ich brauche manchmal anschließend nicht mehr in das Gespräch zu gehen, sondern löse die Knoten für mich auf. Zum Beispiel, als ich einmal bei einer aufwendigen Verhandlung über zwei Tage von einem Geschäftspartner terminlich versetzt worden bin. Da wurde ich im Gespräch vor die Tatsache gestellt, dass die Verhandlung nur einen Tag dauert und keine Gespräche im Unternehmen mehr stattfinden. Das hat mich geschockt und ich habe es für mich mit der Selbstklärung à la WSK ausgewertet, auch schriftlich. Damit war die Sache für mich erledigt in der Analyse der Situation, weil ich für mich geklärt habe, dass weitere Verhandlungen mit dem Geschäftspartner keinen Sinn machen. Mir ist klar geworden, dass es in diesem Unternehmen unterschiedliche Interessen gibt und dass ich diese toleriere. Gleichzeitig brauche ich den Schutz meiner Ressourcen. Mir wurden mein Wert und mein Wunsch nach respektvollem Umgang und Verlässlichkeit bewusst. Dadurch konnte ich Verständnis für die andere Seite aufbringen und habe die Situation anschließend noch von meiner Seite aus dargelegt.

Ich sehe WSK nicht als Allheilmittel für alle Situationen. Ich kann z.B. Grenzen erkennen bei kalten Konflikten, wie weit ich noch gehe, um auf meine Ressourcen zu achten. Bei kalten Konflikten geht es darum, mich nicht aufzureiben. Ich stelle mich nicht mehr in jeder Beziehung auf den anderen ein, wenn meine Ressourcen nicht geachtet sind.

Das hört sich an, als ob Sie neue Varianten gefunden haben, mit Stress umzugehen?

Früher habe ich häufig meine inneren Stimmen ignoriert. Dem gebe ich jetzt mehr Raum. Wenn ich es schaffe, den Bedürfnissen zu folgen und sie mir zu befriedigen, dann kann ich das auch bei anderen besser sehen und steuern. Für mich selbst ist das eine ganz große Schule.

Das klingt nach einer Perspektive?

In meiner Abteilung sowieso, denn ich versuche das vorzuleben. Dadurch wurde die Verständigung noch besser. Über die Abteilung hinaus sehe ich es als wichtig, von ganz oben anzufangen. Die Maßnahmen müssen von der Personalleitung und der Geschäftsführung initiiert werden, um Offenheit bei den Mitarbeitern zu bewirken. Ich kann mir vorstellen, dass es in anderen Firmen auch möglich ist, von der Abteilung aus Veränderungsprozesse anzustoßen, die Einfluss ins Unternehmen haben. Ich bevorzuge in meinem Umfeld den Weg von oben. Die Perspektive, die ich im Unternehmen sehe ist, dass es weniger Schuldzuweisungen zwischen den Abteilungen gibt und dass die Verantwortungsräume besser genutzt werden.

B.F., Heimleiter:

Woher kennen Sie die WSK?

Als ich hier ins Alters- und Pflegeheim gekommen bin, hab ich die Wertschätzende Kommunikation durch meinen Vorgänger kennen gelernt. In den 90er Jahren hatten wir bereits erste Kurse damit.

Sie haben sich entschieden, die WSK in Ihrem Team weiter zu vertiefen. Was hat Sie dazu bewogen, den Schritt zu tun?

Seit der Einführung der WSK gab es einigen Wechsel in unserem Haus und es war der Wunsch der Basis da, die WSK wieder aufzufrischen. Gleichzeitig stand der Wechsel der Heimleitung an. Wie Sie wissen, verläuft so ein Wandel nicht immer reibungslos. Uns war es ein Anliegen, den Mitarbeitenden ein Werkzeug in die Hände zu geben, wie mögliche Konflikte konstruktiv gelöst werden können. Dass man gemeinsam so etwas wie eine Metaebene hat, wie Konflikte reflektiert und gelöst werden können. Einige Konflikte im Haus wurden mit Hilfe der WSK erfolgreich gelöst.

Das heißt, die WSK konnte im Alltag umgesetzt werden?

Ja, es ist zwar nicht so, dass die Leute im Alltag in den vier Schritten kommunizieren und es einfach so aus ihnen heraussprudelt. Aber wenn Konflikte identifiziert werden, dann schauen wir uns diese mit Hilfe des Modells gemeinsam aus den verschiedenen Perspektiven an. Ich erkenne auch im Alltag, dass die Leute sich anhand der vier Schritte auf schwierige Gespräche vorbereiten und im Teammeeting ihre Anliegen so formulieren. Das zeigt auch, dass die WSK im Kurs so glaubwürdig ankam, dass die Leute den Mut gewonnen haben, nicht nur im geschützten Kursrahmen, sondern auch in der freien Wildbahn so zu kommunizieren.

Fällt Ihnen dazu ein Beispiel ein?

In der Einführungszeit der neuen Pflegedienstleiterin gab es einen Konflikt zwischen ihr und einer Wohngruppenleiterin. Die Arbeit zwischen dem alten Pflegedienstleiter und der Wohngruppenleiterin war sehr gut eingespielt. Mit dem Wechsel in der Leitung wurden die Arbeitsabläufe hinterfragt und neu definiert. Bei der Wohngruppenleiterin hinterließ diese Maßnahme den Eindruck, dass nun alles in Frage gestellt wurde, was gut funktionierte. Weil bei diesem Konflikt auch eine starke hierarchische Komponente mitspielte, machte sich die Pflegedienstleiterin große Sorgen, dass durch diesen Konflikt die längerfristige Zusammenarbeit und damit auch die Qualität der Dienstleistung leiden würde. Deshalb bat sie mich, bei der Klärung des Konflikts zu helfen.

Zuerst habe ich mit jeder einzeln gesprochen und ihre Erfahrungen, Sichtweisen und Bedürfnisse abgeholt. Ich habe auch meine Sichtweise dargelegt. Danach haben wir die verbleibenden Unstimmigkeiten geklärt. Der Erfolg ist jetzt sichtbar, das Verhältnis hat sich entspannt und die Zusammenarbeit zwischen Pflegedienst und Wohngruppe läuft sehr gut.

Was war für das Gespräch besonders wichtig?

In meiner Rolle als Heimleiter hatte ich zu beiden Personen ein gutes Vertrauensverhältnis. Sie wussten, dass dieses Gespräch keine Bedrohung für sie darstellte und dass alle gleichermaßen gehört werden. Gleichzeitig habe ich auch meine Bedürfnisse als Heimleiter mit ins Spiel gebracht. Genau das habe ich mir von der WSK versprochen, dass wir ein Modell haben, an dem wir uns in anspruchsvollen Gesprächen orientieren können. Diese Klärung war nicht nur für die beiden Frauen eine Entlastung, sondern auch für mich. In einem Alters- und Pflegeheim ist es wichtig, dass die unterschiedlichen Abteilungen zusammenspielen und die einzelnen Abteilungen nicht in ihrem „Gärtchendenken" festsitzen. Die WSK unterstützt uns dabei, Situationen aus verschiedenen Perspektiven zu sehen und zu hören und gemeinsam Lösungen zu finden.

Wie wenden Sie die WSK sonst noch in Ihrem Alltag an?

Wenn ich heikle Chefgespräche vor mir habe, dann bereite ich mich ganz bewusst darauf vor. Das gibt mir Klarheit fürs Gespräch. Im Büroteam wende ich sie ebenfalls ganz spontan in Sitzungen an, indem ich mich auch nach der Befindlichkeit und den Bedürfnissen der einzelnen Mitarbeitenden erkundige. Das schafft Vertrauen.

Ein anderer wichtiger Punkt ist für mich auch die Wertschätzungs-Schiene, die ich ganz bewusst fahre. Ein Wechsel in der Heimleitung bringt immer Veränderungswünsche mit sich. Diese müssen neben dem Tagesgeschäft integriert und umgesetzt werden. Da läuft man schnell Gefahr, dass die Mitarbeitenden die Veränderungswünsche als Kritik an der bis jetzt geleisteten Arbeit ansehen. Vieles hat aber bis jetzt sehr gut funktioniert und ich möchte, dass die Mitarbeitenden wissen, dass ich das sehe. Durch die wertschätzende Haltung läuft der Veränderungsprozess so schonender ab.

Wir haben uns in dem Gespräch jetzt vor allem auf die Anwendung der WSK mit den Mitarbeitenden konzentriert. Als Heimleiter haben Sie ja bestimmt auch sehr viel mit Bewohnerinnen und Bewohnern sowie deren Angehörigen zu tun. Wie wirkt sich die WSK dort aus?

Die Bedürfnisse unserer Kundinnen und Kunden zu hören und ernst zu nehmen trägt maßgeblich zum Erfolg unseres Hauses bei. Das ist auch in einer Studie ersichtlich, bei der Bewohnende und Angehörige über die Zufriedenheit unserer Dienstleistung befragt wurden. Diese wies ein hohes Maß an Zufriedenheit aus. Es wird immer Dinge geben, mit denen Kunden unzufrieden sind. Entscheidend aber ist, dass die Zufriedenheit der Menschen höher ist als die Unzufriedenheit. Wenn wir die Fallbeispiele anschauen, die wir für das Seminar gesammelt haben, dann sind doch einige dabei, die den Umgang mit Bewohnerinnen und Bewohnern widerspiegeln. Sie zeigen auch auf, unter welchem großen Leistungsdruck das Pflegepersonal steht. Die WSK hilft den Mitarbeitenden, konstruktiv mit der Kritik der Kunden umzugehen. Wenn z.B. eine Bewohnerin reklamiert, weil sie zu lange warten musste, bis jemand zu ihr ins Zimmer kommt, dann ist es entscheidend, wie man darauf reagiert. Die Pflegeperson kann sich rechtfertigen, indem sie sagt, dass sie auch nichts dafür könne, wenn jemand kurzfristig ausfällt. Sie kann aber auch die Bewohnerin mit ihrer Unruhe ernst nehmen, und sich mit dem Bedürfnis nach z.B. Unterstützung verbinden. Ich freue mich zu sehen, dass unsere Mitarbeitenden achtsam mit solchen Situationen umgehen und diese Fälle reflektieren.

Sie haben sich entschieden, die WSK weiter zu trainieren. Welchen Nutzen versprechen Sie sich davon?

Die WSK ist für uns ein Mosaikstein, der uns dabei helfen soll, unsere Kultur und die damit verbundene gute Lebensqualität in unserem Heim zu sichern. Das können wir nur tun, wenn wir systemisch denken. Das heißt, es braucht eine Infrastruktur, die den Ansprüchen der Bewohner entspricht, sowie genügend Hilfsmittel und Personal. Die Personalpflege spielt dabei eine wichtige Rolle. Wenn sich die Mitarbeitenden im Team wohl fühlen, sind sie auch eher bereit größere Verantwortung zu übernehmen und einen Beitrag zu leisten. Entscheidend für einen Dienstleistungsbetrieb ist auch die Kommunikationskultur. Sie beeinflusst die Qualität. Durch die Kommunikation wird täglich Qualität gemacht. Kommunikation hat für mich deshalb auch einen wirtschaftlichen Aspekt. Konflikte kosten Energie und führen zu Krankheitsausfällen

– wir möchten mit der WSK dem entgegenwirken. Erfreulich ist auch, dass diese Maßnahme bei unserem Versicherer sich reduzierend auf unsere Prämie ausgewirkt hat. Die Versicherungen sind sich heute auch bewusst, dass Konflikte einen Einfluss auf krankheitsbedingte Arbeitsausfälle haben und unterstützen deshalb solche Schulungsmaßnahmen.

Gibt es sonst noch etwas, was aus Ihrer Sicht für unsere Leserinnen und Leser wichtig sein könnte?

Ja, drei Dinge: Die WSK als Modell überzeugt mich sehr. Entscheidend für die Umsetzung im Unternehmen ist, dass diese glaubwürdig vermittelt wird. Dass die Mitarbeitenden überzeugt davon sind, dass man so im Alltag sprechen kann und dass es etwas bewirkt. Das ist Euch als Trainerinnen gelungen. Ein anderer wichtiger Teil ist, dass es im Betrieb auch Raum und Struktur für die Umsetzung gibt. Dass man sich in Sitzungen Zeit nimmt, um Anliegen auf der Ebene der Befindlichkeit und der Bedürfnisse zu klären. Und dass die Vorgesetzten mit gutem Beispiel vorangehen. Das gibt Vertrauen und fördert eine wertschätzende Kommunikationskultur. Der dritte wichtige Punkt ist, dass die Schulung nicht als Alibi-Übung für einen nicht ausgetragenen Konflikt verwendet wird. Sollte es in einem Team ernsthafte Konflikte geben, macht es aus meiner Sicht keinen Sinn, die Leute einfach in der WSK zu schulen. Sinnvoller ist dann, den Konflikt zuerst mit Hilfe eines Mediators oder einer Supervision auf Basis der WSK zu klären.

G.L., Professor für Erziehungswissenschaft:

Was hat die WSK in Ihrem beruflichen Alltag verändert?

Durch die WSK habe ich andere Optionen des Zuhörens gewonnen. Dies ermöglicht mir zum einen, Dinge besser zu verstehen und gleichzeitig mich selber klarer mitzuteilen. Ich erkenne Zusammenhänge besser: einerseits auf die Sache bezogen, und kann andererseits mein Befinden und meine Bedürfnisse hörbar machen. Wenn ich ein Feedback vom anderen bekomme, kann ich mich drauf konzentrieren, was inhaltlich daran Sinn macht.

Was hat sich für Sie als Leiter einer Abteilung an der Hochschule und im Kontakt mit den Menschen in Ihrem Arbeitsumfeld bewegt?

Mein Arbeitskontext sieht so aus: Ich habe Kontakt zur Sekretärin, meinen Mitarbeitenden, dem Rektorat und den Studierenden. Dies sind alles Ebenen, in denen mir WSK sehr hilft, gerade in angespannten Situationen. Wenn Entscheidungen sehr schnell getroffen werden müssen, kann ich für mich selbstempathisch klären, was mein Bedürfnis ist, um mich dann wieder auf die Sache zu konzentrieren.

Bei Kolleginnen, Kollegen und Studierenden habe ich eine Leitungs- und Orientierungsfunktion. Da gelingt mir mit WSK die Verdeutlichung von Standpunkten besser. Manchmal kommt es vor, dass mir Studierende angstvoll gegenüber treten, z.B. wenn sie noch nicht genau wissen, was von ihnen erwartet wird. Dann spreche ich sie darauf an. Sie erfahren dadurch, dass dies in der Kommunikation Berechtigung hat und sie damit ernst genommen werden.

Wenn man sich genau an die vier Schritte hält, klingt es im Moment vielleicht künstlich. Aber es ist dafür ein Moment des Feierns, wenn es keiner mitkriegt. Kürzlich hat sich eine Kollegin ganz explizit für eine eMail bei mir bedankt. Ich hatte geschrieben: „Wenn ich das von Ihnen lese, freue ich mich, weil Sie immer ansprechbar sind und ich mich auf Sie verlassen kann." Das fand sie sensationell und mir tat es gut.

Ein anderes Beispiel hatte ich mit einem Mitglied des Rektorats, einer Person, die sehr stark auf Struktur setzt. Er fragt wenig nach zwischenmenschlichen Beziehungen, sondern es geht ihm um Effektivität, was es kostet und was es bringt. In einer Verhandlungssituation habe ich mir erlaubt, zu fragen: „Wenn Sie das sagen, brauchen Sie Transparenz und Effektivität?" „Ja!" Ich bin mir ziemlich sicher, dass ich das vor zwei Jahren noch anders formuliert hätte. Ich hatte in dieser Situation den Eindruck, dass das Gespräch danach konstruktiv weiterging. Es gab in der Folge Momente, wo ich den Eindruck hatte, dass selbst die zuvor beschriebene Person zugehört hatte. Allein das ist ein Erfolg!

Wie hat die WSK Ihre Unternehmenskultur an der Hochschule beeinflusst?

Ich arbeite in einem sehr hierarchischen System, in dem es darum geht, andere Menschen zu bewerten und nicht wertzuschätzen. Auch darum, Entscheidungen durchzusetzen. Die zentrale Frage, die sich stellt, lautet: Wie ist es möglich, dass das, was mir wichtig ist, zu einer gemeinsamen Angelegenheit werden kann? Z.B. Entwicklung voranzubringen, Impulse zu geben, hin zu Wertschätzung, weg von Bewertung. Ich mache die Erfahrung, dass es hilfreich ist, die Gesprächspartner nach konkreten Beobachtungen, Gefühlen und Bedürfnissen zu fragen, statt in endlosen Argumentationen zu verweilen. WSK gibt mir die Möglichkeit, mich selbst systematisch betrachten zu können, damit Transparenz in eine Kommunikation zu bringen und die Perspektive zu schaffen, das als Lebenshaltung umzusetzen.

Welche Auswirkungen hat dann diese Lebenshaltung auf Ihr System?

Dass sich zunächst die Beteiligten auf Beobachtungen konzentrieren und die Grenzen, die sie verbal erzeugen, auch wahrnehmen. Das heißt auch, zu erkennen, welches Befinden durch Beobachtungen oder Bewertungen ausgelöst wird und wie man das voneinander trennen kann. Das gibt eine Veränderung in der Kommunikation, um andere Schwerpunkte zu setzen und zielführender kommunizieren zu können.

Es gibt viele Dinge, die man kaum hören kann und trotzdem weiß ich, dass sie eine Rolle spielen für die Kommunikation. Dies beginnt bei einem tiefem Seufzer auf meine Aussage hin, den ich ignorieren kann und mir dabei denken kann: „Du hörst mir sowieso nicht zu" oder aber ich frage nach: „Ich bin irritiert und bräuchte Klarheit. Können Sie mir sagen, was Sie mit diesem Seufzer ausdrücken wollen?" Das kann zu einer neuen Verantwortlichkeit führen.

Was haben die Beteiligten davon?

Mehr Effektivität in der Verständigung, weil die Dinge geklärt werden in dem Moment, da sie anstehen und nicht so als gedanklicher Ballast mit herum getragen werden müssen. Ich erlebe, dass WSK wirklich Klarheit bringt. Wenn Studierende bei mir Hausarbeiten schreiben, dann scheint es Teil der aktuellen Unternehmenskultur zu sein, dass man sie irgendwann abgibt und zu irgendetwas schreibt. Ich habe gestern in einer Vorlesung gesagt, auf die Frage, wie man Hausarbeiten schreibt: „Ich werde mit Ihnen eine Vereinbarung formulieren, in der Ihr Thema, das Datum der Abgabe und das Datum der wahrscheinlichen Rückmeldung aufgeschrieben werden. Ich möchte, dass Sie damit Klarheit bekommen und möchte selber Klarheit bekommen, wann ich wie viele Arbeiten zu lesen habe." Da schaute ich in viele freudige Gesichter. Das könnte ich noch unterstützen mit einer Aussage einer Studentin, die sagte: „Bei Ihnen hab ich immer den Eindruck gewonnen, zu wissen woran ich bin. Sie sind zwar sehr anspruchsvoll, aber mir war immer klar, was von mir erwartet wird." Das ist eine große Würdigung meines Tuns, das tut mir gut, als kleiner Erfolg im Alltag.

Weitere Gewinne, die ich im Alltag sehe, sind Konferenzen. In Besprechungsrunden, die ich seit eineinhalb Jahren leite, hat sich Wesentliches verändert. Die Menschen trauen sich, etwas zu sagen und wir brauchen letztlich weniger Zeit, um auf den Punkt zu kommen.

C.B., Managing Director, Chief Operating Officer, Investment Banking:

Wie setzen Sie die WSK in Ihrem Berufsalltag als Managing Director des Operativen Geschäfts um?

Wenn ich gegenüber meinen Mitarbeitern oder Kollegen Kritik anbringen möchte oder vor besonders wichtigen Gesprächen stehe, dann bereite ich mich vorher in den vier Schritten vor. Mir ist es wichtig, dass ich dem Gegenüber den Raum einräume, „Nein" sagen zu können, um dann im Wechsel zwischen dem Ich und Du gemeinsam unser Handeln abzustimmen. Früher hätte ich in solchen Situationen eine Anweisung erteilt. Heute ist es so, dass ich diese auf eine andere Art erteile – mehr mit der Zustimmung des anderen. Ich kenne von mir selber, dass so meine Bereitschaft, Dinge auszuführen, mit viel größerem Ehrgeiz und damit auch Begeisterung geschehen. Die Erkenntnis, dass mein Tun zur Erreichung der gemeinsamen Ziele beiträgt hat eine motivierende Wirkung. Es ist also das gleiche Thema, das gleiche Resultat, auf anderem Weg erreicht und mit mehr Enthusiasmus und Einsatzwillen umgesetzt.

Sie sagen, dass Sie die Menschen mehr mit einbeziehen, weil Sie daran glauben, dass sie eher kooperieren, wenn sie mitbestimmen können. Wie gehen Sie damit um, wenn Sie ein Nein hören?

Ich verstehe ein Nein eher als Einladung zum Verhandeln und das Gespräch fortzusetzen. Ich weiß, dass hinter dem Nein ein Bedürfnis steht und so helfe ich dem anderen, sein Bedürfnis herauszuarbeiten. Damit kann ich ganz gut leben. Natürlich gibt es gewisse Dinge, die einfach gemacht werden müssen. Wenn ich die Bedürfnisse des Gegenübers gehört habe, dann gelingt es mir meist auch ganz gut dem anderen aufzuzeigen, dass die Arbeit, die es zu tun gibt, den gemeinsamen Zielen im Team dient. Ich finde es ehrlich gesagt auch ganz angenehm, wenn ich zwischendurch mal Widerstand bekomme. Das zeigt mir, dass Menschen auch für ihre Bedürfnisse einstehen und das mache ich ja auch. Ich hatte aber auch noch nie einen Führungsstil, der keine Widerrede erlaubt. Ich habe schon immer die Leute dazu eingeladen, Kritik zu üben, weil uns das weiterbringt. Wenn ich einen Vorschlag unterbreite, der dem Ziel dient und jemand zeigt mir auf, dass das auch mit einer anderen, vielleicht besseren Strategie erfüllt werden kann, dann bin ich offen dafür.

Sie orientieren sich also dann auch am gemeinsamen Ziel?

Ja, unbedingt, das braucht es auf jeden Fall! Gewisse Rahmenbedingungen müssen natürlich da sein, weil ich als Managerin des ganzen operativen Bereiches dafür sorgen muss, dass der Geschäftsbetrieb effizient und störungsfrei läuft. Alles, was nicht zum

Generieren des Geschäfts dazugehört, fällt in meinen Bereich und ist eine große Verantwortung. Da lasse ich mir von keinem hineinreden im Sinne von: „Wir machen jetzt mal ganz was anderes." Ich brauche Verlässlichkeit, dass wir wirklich die Infrastruktur so zur Verfügung stellen, dass der Geschäftsbetrieb optimal läuft. Dass wir genügend Finanzmittel haben, sinnvoll planen und achtsam mit den Ressourcen umgehen. Da bin ich dann auch nicht kompromissbereit – das ist mein Auftrag. Aber wie man das Ziel erreicht, da bin ich ganz flexibel.

Wie hat die WSK Ihre beruflichen Beziehungen verändert?

Im Umgang mit den Mitarbeitern habe ich mir sagen lassen, dass ich mehr Wertschätzung entgegenbringe und dass sie es noch angenehmer und deutlicher empfinden, wie ich sie unterstütze, sich weiterzuentwickeln. Dass ich sehr viel Feedback gebe und dafür sorge, dass jeder Klarheit hat über Dinge, die wir miteinander besprochen haben oder wie ich jemanden sehe.

Mit meiner jetzigen Aufgabe habe ich vor allem interne Kunden. Auch da hat sich was verändert. Unser Geschäft, das Investmentbanking, ist ja bekanntermaßen sehr fordernd und extrem hart – ganz besonders jetzt auch im Zuge der Krise. Da gibt es viele Momente, in denen ich Nein sagen muss oder Dinge nicht so beschleunigen kann wie vorher. Wenn z.B. eine Abteilung einen neuen Mitarbeiter rekrutieren möchte, dann ist das heute viel aufwendiger als früher, weil jeder Euro nochmals umgedreht wird. Mit der WSK kann ich mich viel besser in die Zwänge der internen Kunden hineinversetzen. Ich verstehe den Frust und kann mich gut einfühlen und gleichzeitig aber auch meine Bedürfnisse und die des Unternehmens aufzeigen. So dass beide am Ende verstehen, wir wollen ja das Gleiche und es gibt gewisse Rahmenbedingungen, die einfach nicht mehr so sind, wie sie vielleicht vor einem Jahr noch waren.

Sie haben eben die Krise angesprochen und dass in diesem Rahmen nicht mehr so einfach rekrutiert werden kann. Welche anderen Auswirkungen gibt es auf Ihren Geschäftsbereich?

Der Druck, wirklich Performance zu liefern, ist um einiges höher geworden. Wir haben leider unser Personal auf die derzeitige Marktlage anpassen müssen. Das ist dann schon schmerzhaft, wenn man einem halben Team sagen muss, dass man nicht mehr die Möglichkeit hat, sie weiter zu beschäftigen. Es war für mich wichtig aufzuzeigen, welche Bedürfnisse wir bei so einer schwerwiegenden Entscheidung in der Geschäftsleitung haben. Da geht es nicht darum, dass einem die Nase von einer Person nicht passt, sondern darum, alles dazu beizutragen, dass das Unternehmen weiter fortbestehen kann. Davon hängt unser Überleben ab. Wenn ich drei bis vier Leute entlasse, sichere ich vielleicht 40 Leuten eine Weiterbeschäftigung. Und so muss ich das auch sehen. Durch eine soziale Haltung und eine klare Kommunikation konnte ich dazu beitragen, dass wir eine Lösung gefunden haben, die für alle Beteiligten im Rahmen der Umstände tragfähig ist. Dass die betroffenen Mitarbeiter eine vernünftige Übergangsphase haben, in der sie für einen gewissen Zeitraum abgesichert sind und die Möglichkeit haben, anderweitig am Arbeitsmarkt unterzukommen.

Und wie ist es in den Gesprächen gelaufen?

In einem Fall war die Überraschung groß. Der Mitarbeiter war völlig perplex. Ich habe die Kündigung aus meiner und der Unternehmens-Perspektive geschildert und mich dann auch eingefühlt. Im Sinne von: Ich kann verstehen und sehen, dass das ein großer Schock ist. Genau deshalb haben wir uns auch überlegt, wie wir die Situation sozial mildern können. Dennoch ist es einfach ein Fakt, die Anzahl der Mitarbeiter reduzieren zu müssen. Und ich habe dann gesehen, dass die Leute zwar im Schock und Schmerz waren, aber auch die wirtschaftliche Notwendigkeit sehen konnten – selbst wenn es weh tut. Es hat niemanden gegeben, der überreagiert hat oder sich von uns ungerecht behandelt gefühlt hat. Die Entlassung ist hart und unbarmherzig und dennoch im Rahmen der Möglichkeiten auf eine menschliche Art umgesetzt worden.

Inwiefern ist Ihnen die WSK in persönlichen Stresssituationen nützlich und hilfreich?

Um ganz ehrlich zu sein, gibt es natürlich gewisse Situationen, in denen ich wie früher auf eine nicht ganz so wertschätzende Art und Weise handle. Und dann gibt es wieder Situationen, die sind für mich so stressig und wichtig, dass ich mich gut vorbereite und mir überlege, wie ich damit umgehe. Ich arbeite daran, meine Bedürfnisse noch besser herauszuschälen. Denn ich weiß aus Erfahrung, dass sich dadurch viel mehr Optionen für mich eröffnen. Ich denke, dass ich mittlerweile auch den anderen besser höre in Stresssituationen. Früher war ich eher der Elefant im Porzellanladen und bin mit Brachialgewalt vorgegangen. Ich habe die Krisen durch meine relativ dominante Art und Weise gelöst. Das mache ich heute schon nicht mehr so. Natürlich stehe ich für meine Werte und Bedürfnisse ein und kann dann auch resolut sein. Am Konferenztisch zum Beispiel bemühe ich mich darum, mich im Stillen in den anderen einzufühlen: Was könnte den anderen dazu motiviert haben, so was zu sagen oder so zu handeln. Das mache ich auch, um mich selber wieder zu überzeugen, dass die Person im Moment auch eine positive Absicht hat, selbst wenn ich sie nicht gleich sehe. Und dann teste ich etwas herum in Konferenzsprache, was es sein kann und das entspannt oft schon die Lage.

Sie sprechen von Konferenzsprache. Was ist das für Sie?

Unsere Konferenzen sind in der Regel knapp, prägnant und auf den Punkt gebracht. Da bleibt wenig Zeit für alle vier Schritte. Häufig gebe ich erstmal Zustimmung und sage: „Ich verstehe es, oder ich sehe Ihren Punkt" oder ich wiederhole noch mal: „Verstehe ich das richtig, dass Sie das und das damit ausdrücken möchten?" Und dann lasse ich meinen Standpunkt mit einfließen. Ich verschaffe mir also Klarheit darüber, was der andere damit meint und leite dann hinüber zu meiner Seite. Ich sage dann: „Darf ich nochmals zusammenfassen oder habe ich das richtig verstanden, dass ...?" Und wenn der andere mir das bestätigt, dann kann ich ihm sagen, wo ich zustimme oder wo ich anderer Meinung bin und was meine Beweggründe dafür sind. Es geht also weniger darum, die vier Schritte stur durchzuspielen, sondern um die Haltung der WSK, beiden Seiten gleichermaßen Gehör zu verschaffen.

Was hilft Ihnen in schwierigen Situationen in der WSK zu bleiben?

Es ist nicht eine weitere Methode, die ich mir aneigne, sondern eine Lebenseinstellung, wie ich mir meinen Umgang mit anderen Menschen wünsche: Nämlich einander mit Wertschätzung, Respekt und Freiraum zur Selbstgestaltung zu begegnen. Ich habe in den letzten Jahren nie gehört, dass jemand gegangen ist, weil er sich unwohl gefühlt hat. Das ist für mich ein Zeichen, dass meine Mitarbeiter gerne mit mir zusammenarbeiten und ich auf dem richtigen Weg bin.

Welchen Tipp würden Sie anderen Führungskräften in Bezug auf die WSK mit auf den Weg geben?

Es muss vor allem authentisch sein und der inneren Überzeugung entsprechen, was ich sage. Wenn jemand denkt, ich mache jetzt einfach mal WSK und spricht dann in den vier Schritten, in der Hoffnung, dass das schon was wird, weiß ich nicht, ob es funktioniert. Ich meine, es kommt auf die innere Haltung an und es braucht auch Mut, die WSK im Führungsalltag anzuwenden. Ich habe die Erfahrung gemacht, dass es funktioniert und ich merke auch, wie meine Mitarbeiter mehr und mehr daran arbeiten, das Gleiche anzuwenden, weil sie merken, dass es ihnen gut tut und kooperativer zum Ergebnis führt. Man kann also damit auch Systeme beeinflussen, im Sinne von „walk the talk" – ein gutes Beispiel sein für eine neue Kommunikationskultur und damit etwas bewirken.

14. Lebensdienliche Organisationsformen

Wir haben in den letzten Kapiteln aufgezeigt, wie der Erfolgsfaktor Menschlichkeit mit seiner wertschätzenden und partnerschaftlichen Haltung unser Führungsverständnis verändern und unser Kommunikationsverhalten positiv beeinflussen kann. Es gibt bereits Organisationsformen, die diese Haltung nachhaltig unterstützen. Grundsätzlich wollen wir Ihnen hier einen kurzen Einblick als Inspiration geben. Dies ist weder als eine wissenschaftliche Abhandlung noch als eine vollständige oder vergleichende Einordnung gedacht, weil es den Rahmen des Buches sprengen würde. Die Soziokratische Kreisorganisation haben wir bereits ansatzweise praktisch umgesetzt und beschreiben sie deshalb ausführlicher.

14.1 Die Soziokratische Kreisorganisation

Die Soziokratische Kreisorganisation wurde in den 60er-Jahren in Holland vom Ingenieur Gerard Endenburg auf der Grundlage der Ideen des niederländischen Erziehers und Pazifisten Kees Boeke entwickelt. Es handelt sich dabei um ein Organisationsmodell, das die Steuerung von dynamischen Unternehmensprozessen ermöglicht.

Die Soziokratie ermöglicht jedem Mitglied einer Organisation, gleichwertig in Entscheidungsprozesse einbezogen zu werden. Über 100 holländische Unternehmen arbeiten mittlerweile mit dieser Organisationsstruktur – z.B. Reekx, Thuiszorg West-Brabant und Fabrique, die von einer enormen Produktivitätssteigerung berichten[xix], seit sie diese Methode aktiv umsetzen. Laut Angaben des Soziokratischen Zentrums konnte die Anzahl der Meetings in diesen Unternehmen um bis zu 50 Prozent reduziert werden. Es lohnt sich also, diese Methode etwas genauer unter die Lupe zu nehmen.

14.1.1 Die Entstehungsgeschichte

Inspiriert wurde Endenburg durch seine Erfahrungen, die er als Schüler in einer High School gemacht hatte. Mit Hilfe eines Konsens-Entscheidungs-Prinzips, das ursprünglich von Quäkern stammte, wurden die Schüler in die Gestaltung ihrer Lernpläne mit einbezogen. So wurde ihnen die Mitverantwortung für ihr persönliches Lernen gegeben. Im Vergleich zu späteren Erfahrungen, die er im eher dominanten System der Universität machte, entdeckte er, dass sich die Struktur sehr stark auf das Verhalten der Studierenden auswirkte. Er realisierte, wenn Studenten keine Verantwortung für ihr eigenes Lernen gegeben wird, dass diese sich vor allem auf Vorgaben und Ziele fokussierten, die ihnen von anderen (Lehrpersonen und Prüfern) vorgegeben wurden. Das selbstmotivierte Lernen für das spätere Berufsleben trat damit in den Hintergrund.

Endenburg war sich bewusst, dass bei einer Top-down-Entscheidung die Bedürfnisse und Anliegen vieler Menschen zu kurz kommen. Auch bei einer demokratischen Abstimmung würde immer eine unzufriedene Minderheit zurückgelassen, die den Erfolg eines Projektes gefährden könnte. Da es ihm ein Anliegen war, in seinem Unternehmen „Endenburg Elektrotechniek's" mitdenkende, verantwortungsvolle Mitarbeitende zu haben, experimentierte er mit dem Konsens-Entscheidungs-Prinzip der Quäker. Bei diesem Prinzip ging es darum, dass keine Entscheidung ohne die hundertprozentige Zustimmung aller Beteiligten gefällt wurde. Er selbst war der Meinung, dass es für eine erfolgreiche Umsetzung einer Entscheidung reiche, wenn es keine schwerwiegenden Einwände der Teilnehmenden gab. Deshalb adaptierte er das Modell zu einem „Keine-schwerwiegende-Einwände-Prinzip". In der Umsetzung hieß das, dass keine Entscheidung gefällt wurde, wenn eine Person noch ein argumentiertes Nein entgegenhielt. Er versprach sich davon, die Qualität der Entscheidungen zu verbessern und wertvolle Informationen zu erhalten, die bei einer Top-down-Entscheidung verloren gingen.

Aus seinen experimentellen Erfahrungen in der eigenen Firma entstand die Soziokratische Kreisorganisation, die sich für das Leiten von dynamischen Prozessen eignet.

14.1.2 Das Leiten von dynamischen Prozessen mit Hilfe der Kreismethode

Wenn wir uns an unserem täglichen Leben orientieren, dann merken wir schnell, dass Prozesse nicht linear, sondern dynamisch ablaufen. Setzen wir uns z.B. das Ziel, mit dem Fahrrad von Punkt A nach Punkt B zu gelangen, haben wir die Möglichkeit, den kürzesten Weg zu wählen. Zu diesem Zeitpunkt wissen wir jedoch noch nicht, was uns auf dem Weg dorthin erwartet. Gibt es eine Baustelle, starken Verkehr oder rennt uns eine Katze vor das Fahrrad? Dies hat zur Folge, dass unser Gehirn ständig überprüft und Abweichungen von der Vorgabe korrigiert. Das heißt, wir fahren nicht ganz gerade zum Ziel, sondern bewegen uns in einem vorgegebenen Rahmen (z.B. Breite der Straße und gewählte Route) mit einer sich ständig korrigierenden Schlangenlinie auf unser Ziel zu. Diese Schlangenlinie ist eine Abweichung von der Norm. Manche Menschen sagen dazu auch Fehler. Wichtig ist aber zu wissen, dass wir diese Abweichungen brauchen, um sicher ans Ziel zu gelangen. Die Abweichungen sind die Möglichkeit, immer einen besseren Weg zu finden.

> **„Der Kurs des besten Schiffes ist eine Zickzacklinie von zahlreichen Kursänderungen."**
> *Ralph Waldo Emerson*

Das Gleiche gilt für Prozesse in Unternehmen. Wir setzen uns ein Ziel, verteilen die Aufgaben und starten. Damit wir sicherstellen können, dass wir nicht vom geplanten Ziel abkommen, lohnt es sich, den Prozess fortlaufend zu überprüfen: Sind wir noch auf dem gewünschten Weg? Haben wir genügend Ressourcen (Kapazität, Fähigkeiten, Finanzen usw.)? Tauchen unvorhergesehene Hindernisse auf? Um möglichst schnell und flexibel auf Änderungen reagieren zu können, braucht es ein gut funktionierendes Feedbacksystem. Werden in einem hierarchisch geführten Unternehmen die Ziele von oben vorgegeben, dann besteht die Gefahr, dass die Rückkoppelung der ausführenden Kräfte fehlt. In der Praxis könnte dies dann etwas überspitzt so aussehen: Das Controlling realisiert, dass die Zahl der verkauften Autos im Vergleich zum

Vorjahr um 20 Prozent eingebrochen ist. Die Leitung verordnet den Verkäufern einen Power-Verkaufskurs und verlangt, dass die monatlichen Erstkontakte mit Kunden verdoppelt werden. Die Verkäufer selbst werden nicht gefragt, was der Grund für den fehlenden Absatz sein könnte. Die wichtige Information, dass sich Kunden heute viel sparsamere Autos wünschen, geht verloren. Um ihren Job zu behalten, halten sich die Mitarbeitenden an die neue Verordnung. Doch der Erfolg bleibt aus, weil die Autos durch Verkaufskurse und mehr Erstkontakte auch nicht sparsamer werden. Die Mitarbeitenden sind frustriert, schalten ihr Gehirn auf Sparflamme und warten auf eine neue Verordnung. Das Modell der Soziokratischen Kreismethode stellt genau dieses wichtige Feedbacksystem zur Verfügung und sorgt dafür, dass das Wissen aller Beteiligten im Sinne einer möglichst optimalen Lösung genutzt wird.

Heute sind die meisten Unternehmen linear strukturiert. Das heißt, wir haben ein Organigramm in Form einer Pyramide. Von oben nach unten findet man den Aufsichtsrat, die Geschäftsleitung, Abteilungsleitung und Mitarbeitende. In dieser Struktur hat die leitende Person die Befugnis, einen Beschluss zu fassen und diesen von oben nach unten in die Ausführung zu delegieren. Dies bringt den Vorteil von Schnelligkeit. Keine großen Diskussionen – die Leute kommen schnell ins Handeln. Der Nachteil ist jedoch, dass der leitenden Person viele wichtige Informationen fehlen und es, wie im Beispiel oben, zu Entscheidungen kommen kann, die am Ziel vorbei gehen. Deswegen wird über die lineare Struktur des Organigramms ein Kreisprozess gelegt, der Veränderungen steuerbar macht. Analog der Hierarchie gibt es einen sogenannten Spitzenkreis. Darin sitzen der Aufsichtsrat und die Geschäftsleitung und mindestens eine Delegierte des nächstunteren Kreises. Auf der nächstunteren Stufe ist ein allgemeiner Kreis, in dem die Geschäftsleitung sowie die Abteilungsleitenden vertreten sind und Delegierte der nächstunteren Kreise. Auf der untersten Ebene ist der Abteilungskreis. Dieser setzt sich aus den Mitarbeitenden einer Abteilung sowie dem Abteilungsleiter zusammen. Was die Kreisorganisation ausmacht ist, dass in jedem Kreis mindestens eine gewählte Person aus dem nächstunteren Kreis dabei ist und eine gewählte Person aus dem oberen Kreis als Leitung im unteren Kreis vertreten ist. Diese stellen sicher, dass die Entscheide des unteren Kreises im oberen Kreis vertreten sind und umgekehrt. Gleichzeitig sorgt diese Organisation dafür, dass Informationen von oben nach unten und von unten nach oben fließen (siehe auch Basisregel 3: Die doppelte Koppelung).

Die soziokratische Kreismethode

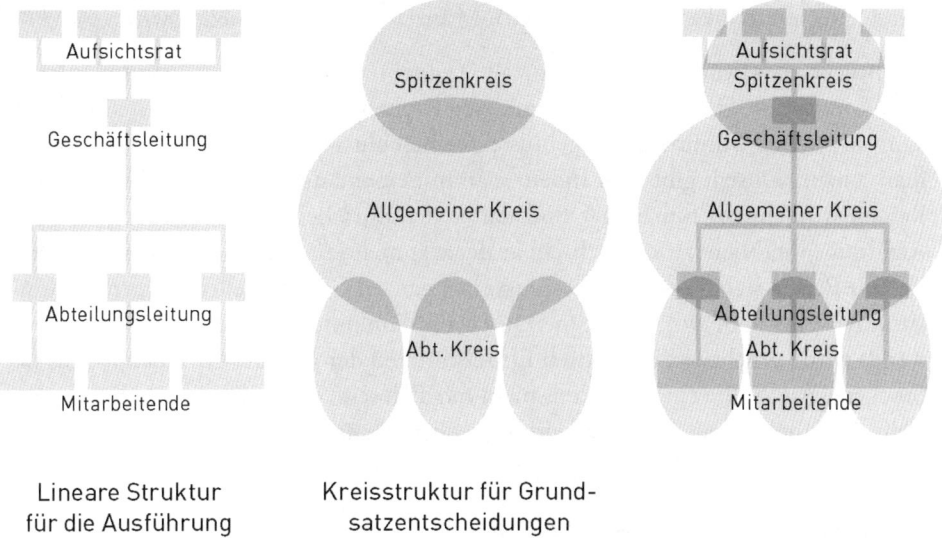

Lineare Struktur
für die Ausführung

Kreisstruktur für Grund-
satzentscheidungen

Innerhalb der Kreisorganisation gibt es vier Basisregeln, die sicherstellen, dass alle Beteiligten gleichwertig in Entscheidungsprozesse einbezogen werden. Damit werden die Mitarbeitenden zu Mitdenkenden und Mit-Unternehmenden.

14.1.3 Die vier Basisregeln

Basisregel 1: Das Konsentprinzip

In der Soziokratie unterscheidet man zwischen Grundsatzentscheidungen und der Ausführung dieser Grundsätze. Bei den Grundsatzentscheidungen geht es um Beschlüsse, die am Ende alle Beteiligten betreffen. Diese werden nach dem Konsentprinzip gefällt. Konsent heißt, es gibt keinen schwerwiegenden und argumentierten Einwand (consenting = zustimmen ≠ einverstanden sein). Gibt jemand also seinen Konsent, so bedeutet das nicht immer, dass er mit der Entscheidung vollumfänglich einverstanden ist, sondern damit leben kann. Wird eine Grundsatzentscheidung zur Ausführung in eine Abteilung delegiert, dann liegt die Art und Weise, wie diese umgesetzt wird, im Entscheidungsfreiraum der Abteilung oder der Person, die den Auftrag umsetzt.

Das Konsentprinzip „regiert" alle weiteren Beschlussfassungen. Das heißt, es kann auch im Konsent entschieden werden, dass gewisse Beschlüsse auf eine andere Weise gefasst werden. Damit ist auch möglich, dass etwas autoritär, demokratisch oder durch eine alternative Methode wie z.B. Münzenwerfen entschieden wird.

Wichtig ist, dass beim Konsentprinzip alle Teilnehmenden die gleiche Stimmkraft haben: Vorgesetzte, Delegierte aus den anderen Kreisen ebenso wie Mitarbeitende. Jeder kann mit seiner Stimme das Ergebnis eines Beschlusses beeinflussen. Sei es, indem man seinen Konsent gibt oder indem man mit einem argumentierten Einwand den Beschluss nochmals hinterfragt und damit der Entscheidung nochmals eine neue Richtung gibt. Nicht zu verwechseln ist der argumentierte Einwand mit einem Veto, wo eine Person sich gegen den Beschluss einer ganzen Gruppe stellen kann, ohne konstruktive Einwände vorzubringen. Durch die konkrete Argumentation eines Einwands wird vorgebeugt, dass durch Einzelstimmen der gesamte Gruppenprozess ins Stocken gerät. Sollte es einem Kreis nicht möglich sein, einen Konsent zu finden, besteht die Möglichkeit, die Entscheidung an den nächsthöheren Kreis zu delegieren.

Basisregel 2: Der Soziokratische Kreis

Der Soziokratische Kreis ist der Ort, wo Grundsatzentscheidungen gefällt werden. Ein Kreis besteht aus einer Gruppe von Menschen, die verantwortlich dafür sind, ein gemeinsames Ziel zu erreichen. Die Entscheidungen, die es braucht um dieses Ziel zu erreichen, werden im Konsentprinzip gefällt. Jeder Kreis delegiert unter seinen Mitgliedern die Aufgaben des Leitens, Ausführens und Messens. Gleichzeitig hat der Kreis auch die Verantwortung, seine Teilnehmenden in der Soziokratischen Kreismethode zu schulen und weiter zu entwickeln. Dabei geht es unter anderem darum, wie gemeinsam Ziele formuliert werden, Arbeitsablaufpläne verstanden, Zielumsetzungsprozesse gestaltet und begründete Einwände formuliert werden. Die Beschlussfassungsmeetings finden je nach Bedarf und Entscheidung der Gruppe wöchentlich oder auch in größeren Abständen statt. Erfahrungsgemäß braucht es wenigstens sechs Kreisversammlungen pro Jahr, um eine effektive Organisation der Ausführung zu ermöglichen.

Basisregel 3: Die doppelte Koppelung

Die kleinste und einfachste soziokratische Organisation besteht aus zwei Kreisen: Topkreis und Allgemeiner Kreis. Sobald eine Organisation jedoch komplexer wird, sind verschiedene Kreise notwendig (siehe Grafik oben). Damit die verschiedenen Kreise miteinander in Verbindung kommen und Informationen top-down sowie bottom-up fließen können, braucht es das Prinzip der doppelten Koppelung. Das heißt, dass mindestens ein Repräsentant aus dem unteren Kreis an der Beschlussfassung im nächsthöheren Kreis teilnimmt. Umgekehrt vertritt eine funktionale Leiterin aus dem oberen Kreis ihre Anliegen im unteren Kreis. Durch die doppelte Kopplung wird sichergestellt, dass der dynamische Prozess der Organisation als Ganzes nicht unterbrochen wird. Da die Repräsentanten sowie die leitende Person gewählt werden, entsteht das Vertrauen, dass die Anliegen beider Kreise gut vertreten sind.

Basisregel 4: Das Wählen von Personen

Die vierte Basisregel besagt, dass das Wählen von Personen nach einer offenen Diskussion ausschließlich nach dem Konsentprinzip geschieht. Für jede Funktion und Aufgabe wird die optimale Besetzung gesucht. Ein offenes Gespräch darüber, wie Menschen ihre Arbeit machen, ist dabei unumgänglich. Eine wertschätzende Haltung und ein vorgegebener Wahlprozess tragen dazu bei, dass dies auf eine konstruktive, motivierende Art und Weise geschieht. Wenn alle Kreismitglieder der Wahl einer bestimmten Person zugestimmt haben, wird diese auch um ihre Zustimmung gebeten.

Diese vier Basisregeln sorgen in einer Organisation dafür, dass alle Beteiligten gleichwertig in Grundsatzentscheidungen mit einbezogen werden. Sie nehmen damit Einfluss auf das Geschehen und tragen damit auch die Mitverantwortung für Beschlüsse. Dies führt zu einer erhöhten Tragfähigkeit derselben. Die bestehende lineare Organisation erfüllt nach wie vor ihren Zweck, denn sie sorgt für die Ausführung der Aufgaben und die Umsetzung der Ziele in den Abteilungen.

14.1.4 Ablauf einer soziokratischen Kreisversammlung

In kompakter Form möchten wir Ihnen hier einen Einblick in den Ablauf einer soziokratischen Kreisversammlung geben. Dies stellt vereinfacht dar, wie es zu einer gemeinsamen Beschlussfassung kommt und wie diese in der Praxis umgesetzt wird.

Grundsätzlich gibt es keine Verpflichtung, an den Versammlungen teilzunehmen. Es wird aber davon ausgegangen, dass die fehlenden Mitglieder den in ihrer Abwesenheit gefällten Beschlüssen zustimmen. Kommt es vermehrt zu Absenzen eines Teilnehmenden, so lohnt es sich, nach den Gründen des Nichterscheinens zu fragen, denn es kann ein Hinweis auf einen schwelenden Konflikt sein.

In jeder Versammlung gibt es eine Person, die moderiert. Sie *leitet* den Prozess. Die Kreismitglieder besprechen die Themen und fällen gemeinsam Entscheide. Sie übernehmen das *Tun*. Der Sekretär oder die Logbuchbeauftragte halten Beschlüsse fest und *messen* die Ergebnisse der Entscheidungsfindung.

Die Eröffnungsphase des Meetings wird dazu genutzt, um sich das gemeinsame Ziel vor Augen zu halten und um den mentalen Sprung vom Tagesgeschäft in ein gemeinsames, effektives Schaffen zu gewährleisten. In einem administrativen Teil wird das Protokoll ratifiziert und es werden die Tagesordnungspunkte (Agenda) für das aktuelle Meeting im Konsentverfahren bestimmt. Auch der Termin der nächsten Versammlung wird hier bereits festgelegt. Danach kann der inhaltliche Teil starten. Jeder Tagesordnungspunkt verläuft in drei Phasen:

a) Die bildformende Phase

Die Moderatorin stellt den Tagesordnungspunkt vor und fragt die Teilnehmenden der Reihe nach, ob der Punkt klar ist, oder ob es noch zusätzliche Informationen braucht. In dieser Runde geht es also ausschließlich darum, alle relevanten Informationen zu beschaffen, um sich ein genaues Bild über den Beschlusspunkt zu machen. In dieser Runde wird nicht diskutiert.

b) Die meinungsformende Phase

Hier hat jeder die Möglichkeit, seine Sichtweise dazu zu äußern. Um den Ablauf effizient zu gestalten und um sicherzustellen, dass alle zu Wort kommen, wird dabei jedes Mitglied der Reihe nach befragt. Danach gibt es eine freie Diskussion und erste Entscheidungsvorschläge werden erarbeitet. Die Moderatorin fasst diese zusammen und notiert sie.

c) Die beschlussformende Phase

Ist ein Beschluss für die Entscheidung bereit, werden die Teilnehmenden der Reihe nach befragt, ob sie ihren Konsent dazu geben können. Zur Erinnerung: Konsent heißt, dass kein schwerwiegender Einwand besteht und dass man dem Punkt zustimmt. In dieser Runde wird nicht diskutiert. Kommt es zu einem schwerwiegenden Einwand, hat die einwendende Person die Möglichkeit, ihren Einwand zu begründen. Nun wird geprüft, ob der Einwand beseitigt werden kann oder ob es eine Änderung in der Beschlussformulierung braucht. Über den neuen Beschluss wird wieder im Konsent-Prinzip abgestimmt. Die Praxis hat gezeigt, dass es je nach Tragweite und Akzeptanz der Entscheidung hilfreich ist, diese durch einen Zeitrahmen oder eine „Probezeit" zu präzisieren. So kann z.B. ein neuer Ablauf im Akquisitionsprozess erst einmal für drei Monate getestet werden. Aufgrund der erzielten Erfahrungen wird dann definitiv entschieden. Grundsätzlich gilt, dass jeder gefällte Entscheid zu einem späteren Zeitpunkt nochmals zu einem Tagesordnungspunkt werden kann, falls die Menschen mit dessen Ausführung nicht zufrieden sind. Dieses Wissen ermöglicht es Menschen, sich einfacher auf Veränderungsprozesse einzulassen und Entscheidungen zu treffen. Gleichzeitig fördert das die Flexibilität des Unternehmens. Die abrundende Schlussphase dient dem gemeinsamen Lernen. Es wird Feedback über den Verlauf des Meetings eingeholt. Wurde die Zeit zufriedenstellend genutzt? Wie wurde das Konsentprinzip angewendet? Wie hat die Moderatorin die Versammlung geleitet?

14.1.5 Ablauf einer soziokratischen Wahl

Die soziokratische Wahl wird dann eingesetzt, wenn Aufgaben, Rollen oder Funktionen zu vergeben sind. Sie stellt sicher, dass alle Beteiligten hinter der Nennung stehen und sie fördert gleichzeitig einen offenen und wertschätzenden Austausch über die Fähigkeiten der einzelnen Teammitglieder. Diese Wahl eignet sich auch in nicht soziokratisch geführten Organisationen, z.B. dann, wenn bestimmte Aufgaben im Team zu vergeben sind.

Hier die wichtigsten Schritte der Wahl zusammengefasst:

1. Bestimmen von Funktion, Aufgabe und Dauer der „Amtszeit".

2. Die Teammitglieder füllen den Wahlzettel aus. Sie haben auch die Möglichkeit sich selber zu wählen.

3. Die Wahlzettel werden dem Wahlleiter gegeben. Da es sich um eine offene Wahl handelt, geschieht dies unverschlossen.

4. Der Wahlleiter liest die genannten Namen vor. Alle Teilnehmenden nennen der Reihe nach, wen sie gewählt haben und welche Argumente für deren Wahl sprechen. (Bildformende Phase)

5. Die Teilnehmenden haben nun die Möglichkeit, aufgrund der neuen Informationen ihre Stimme einer anderen Person zu geben. Dies geschieht mit einer Begründung. (Meinungsformende Phase)

6. Der Wahlleiter schlägt nun die sich am deutlichsten abzeichnende Person zur Wahl vor. Alle Teilnehmenden werden um Konsent gebeten. (Beschlussformende Phase)

7. Gibt es keinen schwerwiegenden Einwand, so wird die gewählte Person gefragt, ob Sie bereit ist, die Wahl anzunehmen.

Die gewählte Person wird aus guten Gründen erst nach der Wahl gefragt, ob sie annehmen möchte. Vielleicht kennen Sie das Phänomen: Wenn es Aufgaben oder Rollen zu vergeben gibt, melden sich meistens die gleichen Leute oder plötzlich schauen alle Anwesenden zum Fenster hinaus in der Hoffnung, dass sie mangels Blickkontakt nicht gewählt werden. Da die Wahl mit der Nennung von positiven Gründen auf eine sehr wertschätzende Art und Weise geschieht, hat sie eine sehr motivierende Wirkung. Teilnehmende berichten, dass sie, obwohl sie nicht gewählt wurden, sich nicht als Verlierer sehen oder auch plötzlich gerne bereit waren, einen Beitrag zur Erreichung der gemeinsamen Ziele zu leisten.

Wie geht es weiter, wenn kein Konsent über einen Kandidaten gefunden wird? Wird von Seite der Kreismitglieder kein Konsent gefunden, so werden an dieser Stelle auch negative Argumente genannt. Offensichtlich sind diese so schwerwiegend, dass sie wichtig für den Kreis sind. Mit der Frage, was gemeinsam dafür getan werden könne, um den Einwand auszuräumen, wird die ganze Versammlung in die Lösungsfindung mit einbezogen. Danach wird die Person mit dem Einwand gefragt, ob Sie nun ihren Konsent geben kann. Kann der ausschlaggebende Einwand nicht aus dem Weg geräumt werden, werden die Teilnehmenden, die den Kandidaten gewählt haben, gefragt, ob sie bereit sind, einen anderen Kandidaten zu wählen. Stimmen diese zu, wird eine andere Person nach demselben Verfahren gewählt. Gibt eine gewählte Person ihren Konsent nicht, wird auch hier erforscht, was der schwerwiegende Einwand ist. Wird dieser nicht beseitigt, so sucht man nach einer anderen Person. Oftmals hilft es auch, die Zeitspanne, für die eine Person die Arbeit übernehmen soll, nochmals zu überprüfen. Manchmal ist es einfacher, ein Einverständnis für drei bis sechs Monate zu geben als für die Ewigkeit. Sollte im Kreis – trotz aller Bemühungen im Konsentverfahren einen Kandidaten zu finden – keine geeignete Person gefunden werden, dann kann außerhalb des Kreises rekrutiert werden. In diesem Falle wird die Stelle zuerst ausgeschrieben.

Vielleicht fragen Sie sich jetzt, ob so ein Wahlverfahren nicht zu viel Zeit kostet – eine Person für eine Aufgabe zu bestimmen ist doch einfacher und schneller. Dies mag bis zu einem gewissen Punkt stimmen. Der Unterschied besteht jedoch darin, dass alle Beteiligten hinter dem Entscheid stehen und diesen mittragen. Damit wird Konflikten, einer informellen Hackordnung und viel Kaffeepausen-Tratsch entgegengewirkt. Die Zeitinvestition ist also durchaus lohnend.

14.1.6 Wirkt die Soziokratie auch in der Krise?

1976 erlebte Endenburg Elekrotechniek eine Krise, die im Nachhinein eine sehr wertvolle Erfahrung für den Einsatz der Methode war. Einige lokale Schiffswerften, die ein Drittel des Umsatzes ausmachten, schlossen unerwartet ihre Pforten. Endenburg sah sich gezwungen, 60 Mitarbeitende aus der Abteilung Technische Installationen zu entlassen. Weil diese Entscheidung in seinen Kompetenzbereich fiel, kündigte er diese Personalkürzung bei seinen Mitarbeitenden an. Einen Tag danach rief einer der Mitarbeiter der am stärksten betroffenen Abteilung, die Kollegen und Kolleginnen seines Kreises zu einer zusätzlichen Kreisversammlung auf. Dort schlug er vor, die Kündigung um einen Monat aufzuschieben und die Zeit für Akquise-Maßnahmen zu nutzen. Er sei zwar ein Herzblut-Techniker, aber er sei auch bereit, einmal Klinken zu putzen, wenn er damit seinen Job behalten könne. Innerhalb einer halben Stunde hatte er den Konsent seiner Abteilung. Der engagierte Mitarbeiter wurde temporär als zweite repräsentative Person gewählt und präsentierte zusammen mit seinem Abteilungsleiter den Vorschlag im allgemeinen Kreis. Auch dort stieß der Vorschlag auf einen Konsent. Bereits am nächsten Tag wurde das Meeting im Spitzenkreis mit Herrn Endenburg durchgeführt. Dort wurde entschieden, die Kündigungen für einen Monat hinauszuschieben und die freien Kapazitäten für Marketingmaßnahmen zu nutzen. Innerhalb weniger Wochen wurden so viele neue Projekte generiert, dass nur wenigen Mitarbeitenden gekündigt werden musste. Das Unternehmen hat auch aus dieser Krise gelernt und verfügt heute über eine viel breiter diversifizierte Kundenbasis.

Es gab in dem Prozess einen kurzen Moment, wo man aufgrund von externen Beratern verführt war, die Soziokratische Kreismethode außer Kraft zu setzen und den Betrieb klassisch von oben nach unten zu reorganisieren. Wie hilfreich es aber war, die Belegschaft in die Mitverantwortung zu nehmen und das Potenzial der ganzen Firma auszuschöpfen, zeigt dieses Beispiel sehr anschaulich.

Zugegeben, die Soziokratische Kreismethode erfordert ein Umdenken und zu Beginn sicher auch Mut, sich auf etwas Neues einzulassen. Die Vorstellung, dass alle Mitarbeitenden auf einmal die gleiche Stimmkraft haben wie die Vorgesetzten, kann befremdend sein. Oft wird dabei vergessen, dass jede Person, auch die Vorgesetzten, die Möglichkeit haben, mit einem argumentierten Einwand einen Beschluss zu beeinflussen und ihm eine Richtungsänderung zu geben. Piet Slieker[xx], der ungefähr 30 Jahre lang in verschiedenen Leitungsfunktionen bei Endenburg Elektrotechnik tätig war, und zuletzt auch die Rolle des Geschäftsführers inne hatte, meinte auf die Frage, ob es nicht manchmal verdrießlich gewesen sei, sich mit den Argumenten der anderen auseinanderzusetzen: Es habe manchmal schon Geduld gebraucht, Entscheidungsprozesse wiederholt aufzunehmen. Da war er auch verleitet, nach altem Muster durchzugreifen. Rückblickend und im Ergebnis überwog aber der Gewinn, der durch die vielen unterschiedlichen kreativen Meinungen den Horizont erweiterte.

14.2 Integrales Business und Holakratie

Der Unternehmer Brian Robertson hat in den Jahren nach 2001 auf der Suche nach einer integralen Organisationsstruktur verschiedene demokratische Arbeitsweisen erprobt. Auch ihm war es ein Anliegen, eine Organisationsstruktur zu haben, mit der schnell und flexibel auf Veränderungen reagiert werden kann. Dabei geht es nicht darum die perfekte Entscheidung zu fällen, sondern die passendste Entscheidung für den Moment. Er wollte Mitarbeitende in Entscheidungsprozesse mit einbeziehen und das Potenzial des Unternehmens nutzen. Bei seiner Suche lernte er die vier Prinzipien der Soziokratie kennen und experimentierte damit im eigenen Software-Unternehmen: Entscheidungsfindung durch Konsent – Organisation in Kreisen – Doppel-Verbindung – Wahlen durch Konsent. Gleichzeitig[xxi] ließ sich Robertson bei der Entwicklung des Modells unter anderen auch durch Typen-Modelle wie Dr. Linda Berens Theorie der Temperamente, C.G. Jungs „functions in their attitudes" (welche auch in Myers-Briggs Type Indicator gemessen werden), Ken Wilbes integraler Philosophie und Peter Senges Schriften über Lernende Organisationen inspirieren. 2006 wählte er mit Hilfe von Ken Wilber den Titel „Holacracy", den er zu einer Handelsmarke machte.

14.3 Dragon Dreaming

Dragon Dreaming wurde vom Australier John Croft entwickelt. Es handelt sich dabei um ein „Projekt-Kreations- und Projektmanagement-Modell", das Einzelpersonen, Gemeinschaften und Organisationen dabei unterstützt, lebensfördernde Projekte zu planen und umzusetzen. Er geht davon aus, dass die Herausforderungen des 21. Jahrhunderts mit der globalen Klimaerwärmung und dem drohenden ökologischen Ungleichgewicht nur in Gemeinschaft gelöst werden können[xxii]. Was wir jetzt brauchen ist Kreativität, Innovation und echtes Engagement. Inspiriert wurde John Croft von der Weisheit der Ureinwohner Australiens (Aboriginal Dreamtime), der modernen Theorie Lebendiger Systeme und der Tiefenökologie von Joanna Macy[xxiii] und ihren Kollegen und Kolleginnen. Dragon Dreaming versucht das vorhandene Wissen und die Kreativität aller Beteiligten auf der Ebene der Gleichwertigkeit mit einzubeziehen und gibt damit der Kraft der Gemeinschaft wieder ein größeres Gewicht.

Nach seinem Modell durchlaufen alle erfolgreichen Gemeinschaftsprojekte vier Phasen:

1. Die „Dreaming-Phase" (Visionsfindung)

Leider bleiben normalerweise rund 90 Prozent der Projekte in dieser Phase stecken, weil die Menschen ihre Träume zu wenig mitteilen und deshalb kein Team entsteht, das von einer gemeinsamen Vision inspiriert ist. Oft bleiben die „Dreamer" auch in dieser Phase stecken und finden den Übergang nicht in die Planungsphase. In einem sogenannten „Dreaming Circle" entsteht eine Gruppenvision, für die sich alle begeistern und verbindlich einlassen (comitten) können. Das ist die Voraussetzung, um in die nächste Phase überzutreten.

2. Die Planungs-Phase

Üblicherweise liegt die Schwäche vieler Planungsvorhaben darin, dass zu wenig Verbindung zwischen dem Planen und der Umsetzung besteht. Dafür wird im „Dragon Dreaming" ein sog. „Karabirrdt" als übersichtliches Wandbild erstellt, eine Art Choreographie des ganzen Ablaufes. Wie auf einem Spielbrett sind vom „Start" bis zum „Ziel" die einzelnen Aufgaben/Schritte wie Knotenpunkte in einem Netzdiagramm miteinander verbunden. Die Art der Darstellung ermöglicht es zu jedem Zeitpunkt die Übersicht darüber zu haben: a) welche Person nimmt diese Aufgabe an als Verantwortliche, Mentor oder Lernende; b) welcher Zeitrahmen ist gesetzt; c) welche Kosten sind veranschlagt und d) inwieweit ist die Aufgabe angegangen oder erfüllt worden.

3. Die Handlungs-Phase

Hier wird Hand angelegt und umgesetzt. Dabei wird immer auch im Auge behalten, welche Aktivitäten einen Einfluss auf andere Umsetzungsmaßnahmen haben. So können Synergien genutzt und Doppelspurigkeiten vermieden werden. Das Karabirrdt hilft den Beteiligten die Übersicht zu behalten und die administrativen Aufgaben wie z.B. das Protokollieren von Fortschritten auf ein Minimum zu reduzieren. Damit die Umsetzung ihren Antriebsmotor in Takt hält, braucht es die nächste Phase.

4. Das Feiern

Wertschätzen und Feiern der Umsetzungsmaßnahmen und der Erfolge ist ein wesentliches Element des Prozesses, eigentlich in jeder Phase. John Croft meint, dass es ratsam sei, 25 Prozent der Investitionen in diese Phase zu stecken, weil dort Motivation und Kraft für dieses und neue Projekte entstehen. Dies ist ein wesentliches Element zur Nachhaltigkeit. Dadurch kommen die Beteiligten wieder mit der ursprünglichen Zugkraft ihrer Vision in Kontakt und beugen einem „Burn-out" vor.

Jede einzelne Phase ist für das Gelingen der Projekte unabdingbar. Gleichzeitig gibt es für jede davon Menschen, die eine besondere Eignung dafür haben. Sei es, weil ihr Interesse dort liegt oder weil sie bestimmte Fähigkeiten mitbringen. Bei der Ressourcenplanung wird z.B. darauf geachtet, dass die Teilnehmenden zum einen das tun, was Sie am besten können und zum anderen auch gefördert werden, Ihre Fähigkeiten auszubauen. Die Arbeitsaufteilung wird deshalb nach folgenden Kriterien erarbeitet.

1. Welche Arbeit würden Sie wirklich gerne tun? (Potenzial für Teamleitung)
2. Welche Arbeit würde Ihnen am meisten Angst machen? (Möglichkeit für persönliches Training in dieser Arbeit)
3. Welche Arbeit könnten Sie mit „Links" erledigen, wäre aber langweilig für Sie? (Ressource für das Team, evtl. Mentoring)

Damit wird sichergestellt, dass die Menschen sich mit dem Projekt identifizieren und nicht nur den Erfolg des Projektes, sondern auch ihr persönliches Wachstum feiern können.

Dragon Dreaming wird heute vor allem im Organisationsaufbau (z.B. Gaia-Foundation Türkei), im Fundraising für soziale und ökologische Projekte (z.B. „Winterfest"-Altersheim), bei der Organisation von Konferenzen (Ecosys 09 Ghana) und innerhalb von Friedensprojekten (Santhi-Institute Sri Lanka) umgesetzt. Darüber hinaus wandte es die Westaustralische Regierung für Regionalplanung und Gemeindeentwicklung an.

MANAGEMENT SUMMARY

Mit einer wertschätzenden Haltung in Ihrem Führungsalltag können Sie Menschen dazu bewegen, mitverantwortlich zu denken und zu handeln. Damit schaffen Sie einen Nährboden für Kooperation. Mittlerweile gibt es Organisationsformen, die diese Haltung nachhaltig unterstützen. Die Soziokratische Kreismethode, Holakratie und Dragon Dreaming sind einige davon.

Die Soziokratische Kreismethode ist ein holländisches Organisationsmodell, das über das klassische Organigramm eine sogenannte Kreisorganisation legt. Die Mitarbeitenden eines Unternehmens treffen sich in sogenannten Kreisen um Grundsatzentscheidungen gemeinsam zu fällen. Grundsatzentscheidungen sind Beschlüsse, die Einfluss auf alle Mitarbeitenden im Unternehmen haben. Mit Hilfe einer speziellen Moderationsmethode wird dafür gesorgt, dass alle Beteiligten das gleiche Stimmrecht haben. Entschieden wird auf der Ebene des Konsent (consenting=zustimmen). Wer seinen Konsent gibt, sagt, dass er keinen schwerwiegenden Einwand hat. Damit die Entscheidungen und Informationen top-down und bottom-up laufen, sind die verschiedenen Kreise durch eine doppelte Koppelung verbunden. Das heißt, dass mindestens eine Person vom unteren Kreis als Delegierte im oberen Kreis, und dass eine Leitungsperson aus dem oberen im unteren Kreis vertreten ist. Die besagten Personen werden durch ein spezielles Konsent-Wahlverfahren gewählt. Dies stellt sicher, dass alle mit den Repräsentanten einverstanden sind. In der Soziokratischen Kreismethode „regiert" nicht die Mehrheit, sondern das Argument. Da alle die gleiche Stimmkraft haben, lernen die Mitarbeitenden für ihre Bedürfnisse einzustehen und Einwände klar zu argumentieren. Dies wiederum gibt allen auch die Möglichkeit Einfluss zu nehmen. So werden aus Betroffenen Beteiligte.

Das Modell der Holakratie ist die amerikanische Antwort auf die Soziokratie. Sie baut im Wesentlichen auf der Basis derselben auf, wurde mit verschiedenen Lehren aus Psychologie und Organisationsentwicklung angereichert.

Dragon Dreaming ist ein Projekt-Kreations- und -Management-Modell, das Einzelpersonen, Gemeinschaften und Organisationen dabei unterstützt, lebensfördernde Projekte zu realisieren. Projekte durchlaufen dabei die vier Phasen von: Träumen (Vision), Planung, Umsetzung und Feiern. Jede einzelne Phase hat ihre eigene Qualität, die bedeutsam für den Erfolg der Projekte ist.

Was all diese Modelle gemeinsam haben: Sie basieren auf dem Prinzip der Gleichwertigkeit, beziehen Menschen mit ein, machen Mitarbeitende zu Mitunternehmerinnen und -unternehmern.

15. Dank

Damit wir unser Projekt realisieren konnten, durften wir auf die Unterstützung vieler Menschen an unserer Seite zählen.

Unser Dank gilt folgenden Menschen für Ihre Beiträge:

···⟩ Freundinnen, Freunde und Familienangehörige, die uns ausdauernd zugesprochen haben, dieses Buch überhaupt zu schreiben.

···⟩ Denjenigen, von deren Erfahrungen und Wissen wir lernen durften: Marshall B. Rosenberg, Friedrich Glasl, Susan Skye, Robert Gonzales, Klaus Karstädt, Ingrid Holler, Megha Baumeler, Ueli Frischknecht, Arpito Storms, Peter Szabó, Gunthard Weber, Bernhard Langwald, Cora Besser-Siegmund, Harry Siegmund, Bernd Isert, Klaus Renn. Besonderer Dank gilt Suna Yamaner und Regula Langemann für ihre Inspiration, die Gewaltfreie Kommunikation mit der Arbeit von Riane Eisler und Joanna Macy in Verbindung zu bringen.

···⟩ Menschen, denen unser Projekt so wichtig war, dass sie uns ihre Zeit schenkten und ehrliches Feedback gaben: Helga Baureis, Cathleen Behrends, Christine Berliner, Karoline Böhm, Fernando S. Christian, John Croft, Bernhard Fringeli, Angela Giese, Manuela Grütter, Christina Häußer, Urs Hunziker, Peter Hutter, Fleur Jaccard, Esther König, Julia Lang, Gregor Lang-Wojtasik, Regula Langemann, Susanne Lanz, Uwe Lindemann, Ingrid Melcher, Gisela Offenhäußer, Bärbel Reinert, Sonja Stark, Pieter van der Meché, Petra Von Euw, Matthias und Norbert Wendt, Claudia Wieland, Nadine Woodtli, Suna Yamaner.

···⟩ Ina Liesefeld, die mit viel Achtsamkeit und Einfühlungsvermögen unsere Wünsche betreffend Illustrationen aufgenommen und in einer Art und Weise umgesetzt hat, die uns sehr gefällt.

···⟩ Kundinnen und Kunden, die bereitwillig und aus vollem Herzen ihre Erfahrungen mit der Leserschaft in den Interviews teilen.

···⟩ Seminarteilnehmende und Coachees, die von ihren Herausforderungen und Erfahrungen mit der WSK berichteten und deren Beispiele unter abgeändertem Namen in dieses Buch eingeflossen sind.

⋯⟩ Unsere Ehepartner, die uns den Rücken frei gehalten, uns ermutigt und viele Stunden auf uns verzichtet haben.

⋯⟩ Uns wechselseitig, für das Geschenk der Zusammenarbeit, die Inspiration beim interkulturellen Erfahrungsaustausch, die Beharrlichkeit, die fruchtbaren Auseinandersetzungen, das Vertrauen und die stete Verlässlichkeit, was uns rundum große Freude bereitet hat.

16. Quellenangaben

Wir haben uns nach Kräften bemüht, die Quellen aller im Buch benutzten Materialien zu recherchieren und anzugeben. Trotzdem ist es natürlich möglich, dass wir versehentlich einige wichtige Quellen und Urheber vergessen haben. Wenn Sie den Eindruck haben, dass bestimmte Personen nicht angemessen ausgewiesen oder anerkannt wurden, schreiben Sie uns bitte. Wir werden unser Möglichstes tun, um dieses Versäumnis in künftigen Ausgaben zu korrigieren. Dies erfüllt unser Anliegen nach Wertschätzung für die Arbeit und Entwicklung der ursprünglichen Verfasser.

Kommentare: Wir würden uns freuen, wenn Sie uns mitteilen möchten, ob Sie dieses Buch nützlich fanden, oder wenn Sie konstruktive Anregungen oder Kritik äußern möchten. Bitte schreiben Sie uns.

17. Anmerkungen

i   www.welthungerhilfe.de / FAO Dez. 2008

ii Artikel „SZ" vom 12.02.2009 – „Stress am Arbeitsplatz. Zwei Millionen Deutsche dopen", basierend auf einer Untersuchung der Krankenversicherung DAK

iii KPMG AG, 2009. In Zusammenarbeit mit Lehrstuhl Controlling der Hochschule Regensburg und dem Kompetenzzentrum Konfliktmanagement der Fachhochschule Bern

iv Eisler, Riane (2005): *Kelch und Schwert*, S. 83-88, 367f. Arbor: Freiamt im Schwarzwald
    Kapitel 4, Seite 85:
    ... vor etwa 7.000 Jahren, lassen sich jedoch in den neolithischen Kulturen des Nahen Ostens die ersten Anzeichen für eine Bedrohung, ein „pattern of disruption" erkennen. Der archäologische Befund deutet darauf hin, dass zu diesem Zeitpunkt in vielen Gebieten Unruhen auftraten. Es gibt Belege für Invasionen und Naturkatastrophen (gelegentlich auch für beides zusammen), die große Verwüstungen und Erschütterungen nach sich zogen ...

v   Eisler, Riane (2005): *Kelch und Schwert*, S. 115. Arbor: Freiamt im Schwarzwald

vi Eisler, Riane (2005): *Kelch und Schwert*, S. 83. Arbor: Freiamt im Schwarzwald
    Die Landwirtschaftliche Revolution des Neolithikums begann vor 10.000 Jahren. Çatal Hüyük wurde vor 8.500 Jahren gegründet, und der Untergang der kretischen Zivilisation liegt erst 3.200 Jahre zurück. In dieser Zeitspanne – ein Vielfaches jener Zeit, die von unseren sich an Christi Geburt orientierenden Kalendern erfasst wird – diente die Technologie primär dem Erhalt und der Verbesserung der Lebensqualität ...

vii Darwin, Charles (1859/2002): *Über die Entstehung der Arten durch natürliche Zuchtwahl oder die Erhaltung der begünstigten Rassen im Kampfe ums Dasein.* Parkland Verlag: Köln; Quellenangabe aus: Bauer, J. (2006): Prinzip Menschlichkeit. Kapitel 11, S. 402ff und S. 422; Kapitel 15, S. 563, S. 14 Fußnote 7. Hoffmann und Campe: Hamburg

viii Loye, David (2005): *Darwin in Love.* S. 10f. Arbor: Freiamt im Schwarzwald

ix Bauer, Joachim (2006): *Prinzip Menschlichkeit.* S. 14 und S. 34. Hoffmann und Campe: Hamburg
    Kapitel 2, Seite 34:
    Das natürliche Ziel der Motivationssysteme sind soziale Gemeinschaft und gelingende Beziehungen mit anderen Individuen, wobei dies nicht nur persönliche Beziehungen betrifft, Zärtlichkeit und Liebe eingeschlossen, sondern alle Formen sozialen Zusammenwirkens. Für den Menschen bedeutet dies: Kern aller Motivation ist es, zwischenmenschliche Anerkennung, Wertschätzung, Zuwendung oder Zuneigung zu finden und zu geben. Wir sind – aus neurobiologischer Sicht – auf soziale Resonanz und Kooperation angelegte Wesen.

x Obama, Barack (2006): *Audacity of Hope*. S. 66-69, Crown: New York

xi Gordon, Thomas (1977): *Managerkonferenz*. S. 72 – Kommunikationssperren. Heyne: München

xii Glasl, Friedrich (1980): *Konfliktmanagement. Ein Handbuch für Führungskräfte, Beraterinnen und Berater*. S. 234. Haupt: Bern, Stuttgart, Wien

xiii Argyris, Chris (1990): „Leiter der Schlussfolgerungen" aus: *Overcoming Organizational Defenses*. Needham, Mass.: Allyn&Bacon

xiv Bauer, Joachim (2006): *Prinzip Menschlichkeit*. S. 159. Hoffmann und Campe: Hamburg
Kapitel 5, Seite 159:
Jede Situation wird über die fünf Sinne aufgenommen, in neuronalen Netzwerken repräsentiert und scheint damit in unserem Bewusstsein auf. Außerdem wird jede äußere Situation, während sie für uns intellektuell wahrnehmbar wird, simultan emotional bewertet, auch wenn wir dies manchmal gar nicht bemerken (für das Gehirn gibt es keine „rein sachlichen" Situationen) ...

xv Belgrave, Bridget & Lawrie, Gina (2003). *Das GFK-Tanzparkett, der Ja/Nein-Tanz*. Life Resources: Oxford, England

xvi Rosenberg, Marshall B. (2001): *Gewaltfreie Kommunikation. Eine Sprache des Lebens*. Junfermann: Paderborn

xvii Servan-Schreiber, David (2004): *Die Neue Medizin der Emotionen*. S. 57. Antje Kunstmann: München

xviii Gaussmann, Alvis & Schmidt, Michael: *Der HerzKreis* – http://www.derherzkreis.de

xix Reijmer, Drs. Annewiek J.M. & Romme, Dr. A. Georges L.: *Sociocracy in Endenburg elektrotechniek*. S. 1. Sociocratisch Centrum: Rotterdam

xx „Erfolgreicher Leiten dank Soziokratie", aus dem Newsletter des Soziokratischen Zentrums Holland, Januar 2009 – übersetzt von Isabell Dierkes, redigiert von Christian Rüther. S. 2. www.soziokratie.org

xxi Robertson, B.J.: *Leading-Edge Organisation: Einführung in Holacracy*. S. 36. http://www.holacracy.org/system/files/LeadingEdgeOrganisation-deutsch.pdf

xxii Croft, John: http://www.dragondreamingtraining.blogspot.com:80/

xxiii Macy, Joanna & Brown, Molly Young (1998): *Die Reise ins lebendige Leben*. Junfermann: Paderborn

18. Weiterführende Literatur

Bischoff, Sonja (Hrsg. 2005). *Wer führt in (die) Zukunft?* Bielefeld: Bertelsmann

Ciompi, Luc (1997). *Die emotionalen Grundlagen des Denkens.* Sammlung Vandenhoeck. Göttingen: Vandenhoeck & Ruprecht

Covey, Stephen (1989). *Die sieben Wege zur Effektivität.* Frankfurt/M.: Campus

Covey, Stephen (1997). *Der Weg zum Wesentlichen.* Frankfurt/M.: Campus

Covey, Stephen (2004). *Der 8. Weg.* Offenbach: Gabal

Damasio, Antonio (1995). *Descartes' Irrtum. Fühlen, Denken und das menschliche Gehirn.* München: Paul List Verlag / Südwest Verlag

Damasio, Antonio (2005). *Der Spinoza-Effekt.* Berlin: Ullstein

Doppler, Klaus (2006). *Incognito – Führung von unten betrachtet.* Hamburg: Murmann

Fromm, Barbara & Michael (2006). *Führen aus der Mitte.* Bielefeld: Kamphausen

Goleman, Daniel; Boyatzis, Richard & McKee, Annie (2002). *Emotionale Führung.* Berlin: Econ Ullstein List

Fisher, Roder; Ury, William & Patton, Bruce (1981). *Das Harvard-Konzept. Sachgerecht verhandeln – erfolgreich verhandeln.* Frankfurt/M.: Campus

Frankl, Viktor (2008, 22. Aufl.). *Der Mensch vor der Frage nach dem Sinn.* München: Piper

Frosch, Herbert (2002). *Im Netz der Beziehungen. Soziale Kompetenz zwischen Kooperation und Konfrontation.* Paderborn: Junfermann

Goeudevert, Daniel (2008). *Das Seerosen-Prinzip: Wie uns die Gier ruiniert.* Köln: Dumont

Holler, Ingrid & Heim, Vera (2005). *KonfliktKiste. Konflikte erfolgreich lösen mit der Gewaltfreien Kommunikation.* Paderborn: Junfermann

Küng, Zita (2005). *Was wird hier eigentlich gespielt? Strategien im professionellen Umfeld verstehen und entwickeln.* Heidelberg: Springer

Malik, Fredmund (2001). *Führen Leisten Leben.* München: Heyne

Maturana, Humberto & Varela, Franzisco (1987). *Der Baum der Erkenntnis.* Bern: Scherz-Verlag

Renn, Klaus (2006). *Dein Körper sagt dir, wer du werden kannst.* Freiburg: Herder

Rosenberg, Marshall (2004). *Das Herz gesellschaftlicher Veränderung.* Paderborn: Junfermann

Schulz von Thun, Friedemann (2000). *Miteinander reden: Kommunikationspsychologie für Führungskräfte.* Reinbek: Rowohlt

Schumacher, Torsten (2006). *Wenn du viel erreichen willst, tue wenig.* Weinheim: Wiley-VCH

Seils, Gabriele (2007). *Konflikte lösen durch gewaltfreie Kommunikation.* Freiburg: Herder

Senge, Peter (1996). *Die fünfte Disziplin.* Stuttgart: Klett-Cotta

Simon, Fritz (2002). *Die Kunst, nicht zu lernen.* Heidelberg: Carl-Auer-Systeme

Sprenger, Reinhard (1991). *Mythos Motivation.* Frankfurt/M.: Campus

Sprenger, Reinhard (2002). *Vertrauen führt.* Frankfurt/M.: Campus

Sprenger, Reinhard (1995). *Das Prinzip Selbstverantwortung.* Frankfurt/M.: Campus

Stone, Douglas; Patton, Bruce & Heen, Sheila (1999). *Offen gesagt! Erfolgreich schwierige Gespräche meistern.* München: Goldmann

Ury, William (1991). *Schwierige Verhandlungen. Wie sie sich mit unangenehmen Kontrahenten vorteilhaft einigen.* München: Heyne

Weiser Cornell, Ann (1997). *Focusing – Der Stimme des Körpers folgen.* Reinbek: Rowohlt

von Foerster, Heinz & Pörksen, Bernhard (2008). *Wahrheit ist die Erfindung eines Lügners: Gespräche für Skeptiker.* Heidelberg: Carl-Auer-Systeme

Watzlawick, Paul (1983). *Anleitung zum Unglücklich sein.* München: Piper

Wilber, Ken (1997). *Eine kurze Geschichte des Kosmos.* Frankfurt/M.: Fischer

Wilber, Ken (2001). *Ganzheitlich handeln.* Freiamt: Arbor

Weltweites Netzwerk zertifizierter TrainerInnen, gegründet von Marshall Rosenberg:
Center for Nonviolent Communication® www.cnvc.org

19. Personen- und Stichwortverzeichnis

Vera Heim

Kommunikations- und
Managementberaterin
Certified Trainer
for Nonviolent Communikation®
DVNLP/IANLP-Lehrtrainerin
Ausbilderin mit eidg. Fachausweis
Management Coach

- Wertschätzende Kommunikation
  in Unternehmen
- Mediation und Teamentwicklung
- Change-Management
- Empathisches Coaching®
- Leistungs-Coaching mit **wing**w**ave**®
- Offene Seminare und Lehrgänge in
  Gewaltfreier Kommunikation

Gabriele Lindemann

Kommunikations- und
Managementberaterin
Certified Trainer
for Nonviolent Communication®
Zertifizierte HerzKreis-Trainerin
Business Coach, Moderatorin

- Wertschätzende Kommunikation
  in Unternehmen
- Veränderungsprozesse begleiten
- Management Coaching
- Konfliktmanagement
- Ausbildung „Empathische Kompetenz"
- Offene Seminare und Aufbautrainings
  in Gewaltfreier Kommunikation
- HerzKreis-Training

Das Seminar zum Buch:
„Wertschätzend führen – wirksam kommunizieren"
Nähere Informationen finden Sie auf unserer Website

In der Teien 6 • CH-8700 Küsnacht
Fon + 41 (0)44 500 99 00
Fax + 41 (0)44 500 99 01
www.tcco.ch / office@tcco.ch

Leistnerweg 4
D 90491 Nürnberg
Fon +49 (0)911 599748
Fax +49 (0)911 599765
lindemann@menschenundziele.de
www.menschenundziele.de